S

LE CULTIVATEUR

DU

BAS-ARMAGNAC.

C.

LE

CULTIVATEUR

DU

BAS-ARMAGNAC

MANUEL

D'AGRICULTURE ÉLÉMENTAIRE ET PRATIQUE

POUR

LES DÉPARTEMENTS DU SUD-OUEST

Par M. LACOME Auguste,

PROPRIÉTAIRE.

Labourage—Engrais—Fourrages—Vignes—Défrichement
des Landes.

AUCH

IMPRIMERIE ET LITHOGRAPHIE DE J. FOIX, RUE BALGUERIE.

1855

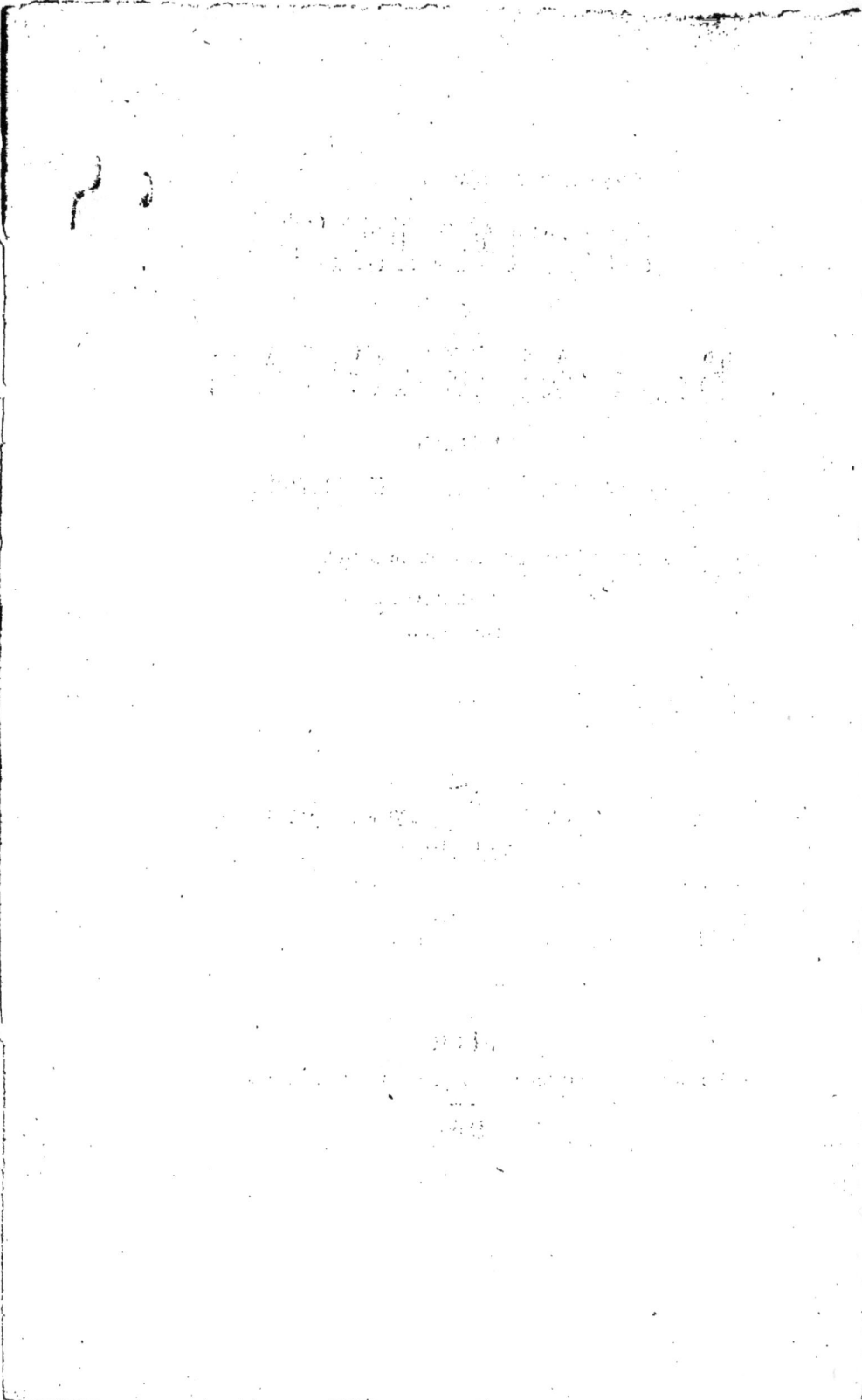

Préfecture du Gers.

Auch, le 14 novembre 1853.

A M. Lacome Auguste, propriétaire, à Houga.

Le Conseil général du Gers, dans sa dernière session, a voté, sur ma demande, un crédit de 200 fr. pour encouragemens à l'enseignement agricole.

J'ai décidé que la moitié de cette somme serait appliquée à l'achat d'un certain nombre d'exemplaires du Manuel d'agriculture, *le Cultivateur du Bas-Armagnac*, dont vous êtes l'auteur. Je désire, en effet, que des ouvrages élémentaires sur l'agriculture soient mis, dans toutes les communes, à la disposition des cultivateurs.

Les populations de ce pays n'ont besoin ni de plus de persévérance ni de plus de vigueur dans leurs travaux. Il leur est nécessaire seulement de mieux connaître les conditions d'une culture plus perfectionnée et plus productive.

Je vous félicite, Monsieur, d'avoir compris cette situation, et je serais heureux de contribuer au succès de l'œuvre utile que vous avez entreprise et de l'excellent exemple que vous avez donné aux propriétaires de ce pays, en mettant à la portée de tous, dans un ouvrage élémentaire, le résultat de vos observations sur les procédés agricoles en usage dans le Bas-Armagnac.

Recevez, etc.

Le Préfet du Gers,

P. FÉART.

CONSEIL GÉNÉRAL DU GERS.

Session de 1853.

Extrait des Procès-verbaux :

Un rapporteur présente, au nom de la 4ᵉ commission, la proposition suivante :

« M. le Préfet demande un crédit de 200 fr. pour en
» courager le développement de l'enseignement agri-
» cole, par l'achat de Traités pratiques d'Agriculture,

» qui seront déposés dans chaque mairie, pour être
» communiqués aux habitants et mis entre les mains
» des élèves de l'école communale.

» Sans doute, les ouvrages que nous possédons en
» agriculture se multiplient chaque jour, et nous re-
» connaissons que cette noble profession est enfin com-
» prise dans notre pays; mais pour que des ouvrages
» aient quelque efficacité, produisent quelque bien, il
» ne suffit pas de préceptes généraux: chaque départe-
» ment doit avoir son manuel dans lequel les vices et
» les avantages de la culture soient consciencieuse-
» ment expliqués. Nous avons deux excès à éviter; l'en-
» gouement de la nouveauté, de la réforme radicale
» de nos vieilles méthodes, ou la routine qui n'admet
» aucun progrès.

» Jusqu'à ce jour, ces deux extrêmes ont singulière-
» ment nui au développement agricole.

»

» Votre commission vous propose d'allouer le crédit
» de 200 fr. demandé. »

»

Le crédit proposé est voté.

Un membre fait le rapport suivant :

« M. Auguste Lacome, propriétaire de notre
» département, sollicite auprès du Conseil général son
» appui pour un ouvrage qu'il intitule : le *Cultivateur*
» *du Bas-Armagnac, à l'usage des départements du sud-*
» *ouest.*

» Il demande que vous souscriviez pour un certain
» nombre d'exemplaires, et au profit des communes de
» nos contrées. . . . .

» . . . . . . Votre commission vous propose de remer-
» cier M. Lacome et d'inviter M. le Préfet à souscrire
» pour un certain nombre d'exemplaires à ce Manuel,
» en lui laissant l'appréciation du chiffre de la sous-
» cription. — Adopté. »

Pour extrait conforme :

Le Préfet du Gers,
P. FÉART.

DÉDIÉ

A

M. Paul FÉART

PRÉFET DU DÉPARTEMENT DU GERS,

AMI ÉCLAIRÉ

ET

PROTECTEUR DE L'AGRICULTURE.

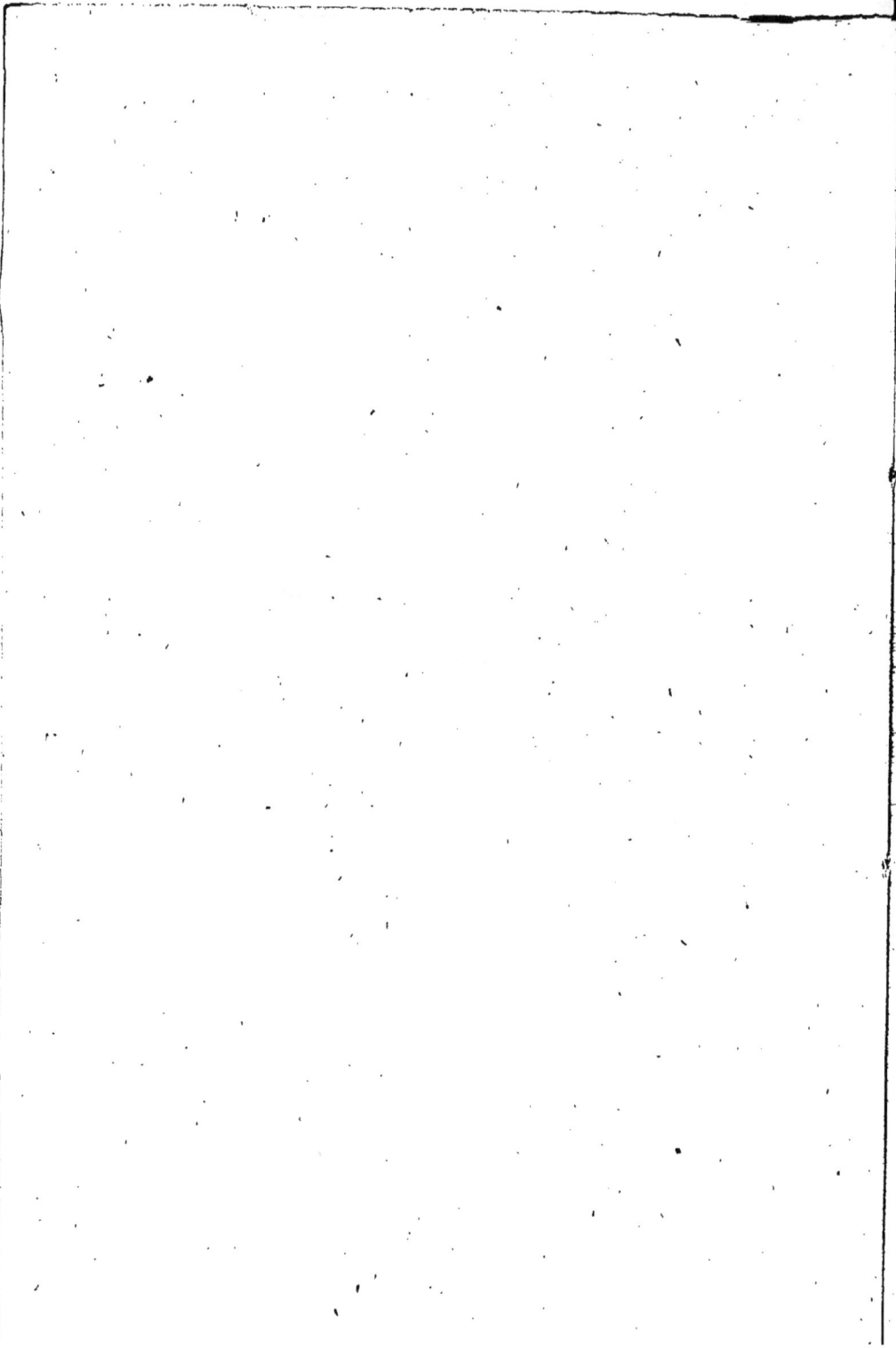

PRÉFACE.

Il s'opère depuis quelque temps au milieu de nous un immense mouvement d'idées en matière d'agriculture; il n'est pas aujourd'hui un de nos propriétaires qui ne sente la nécessité d'améliorer notre système agricole et de perfectionner nos pratiques; tous comprennent que la prospérité du sol et le bien-être qu'elle assure dépendent d'un travail plus intelligent et d'une exploitation plus large de nos terres; tout enfin semble tendre au progrès, et, néanmoins, malgré cette aspiration générale vers un meilleur ordre de choses, nous végétons toujours dans l'ornière du passé, et nous cultivons encore comme on cultivait dans le pays il y a des siècles; nous n'avons point avancé d'un pas.

Il y a sans doute une déplorable contradiction entre cette marche des idées et l'état d'immobilité de notre agriculture; cependant, cette contradiction se conçoit et s'explique lorsqu'on envisage le *cultivateur* tel qu'il est. Elevé dans les traditions de la famille, le cultivateur travaille comme travaillaient ses pères, et il tient d'autant plus à son vieux mode d'exploitation traditionnelle qu'il a pour lui la sanction d'une expérience séculaire; il ambitionne sans doute le progrès parce qu'il y rattache l'espérance d'un bien-être de plus: mais il se méfie aussi de l'innovation; et, ainsi partagé entre la crainte et l'ambition qui se le disputent, on comprend que, pour qu'il rompe avec son passé, il lui faut autre chose que les promesses d'une théorie brillante. Formé à l'école des faits, c'est par les faits seuls qu'il peut être instruit et entraîné. Et alors, s'il s'agit, par exemple, de perfectionner sa manière de labourer, ce serait peine perdue que de lui expliquer par les démonstrations de la science les règles du labourage; il faut tout simplement mettre sous ses yeux le labour superficiel et le labour profond, lui montrer les faits qui se produisent dans l'un et l'autre cas, lui faire toucher du doigt les conséquences qui en dérivent forcément par les résultats qui les traduisent; ainsi il verra, il comprendra, et il adoptera, j'ose le dire avec empressement, le labour le plus évidemment avantageux. Pour conduire nos cultivateurs dans une meilleure voie, il faut que l'enseignement soit donc matérialisé, c'est-à-dire qu'il repose absolument sur des faits et sur la démonstration sensible qui en ressort; il faut que par la mise en regard des contraires nos cultivateurs puissent saisir du premier coup d'œil la supériorité des pratiques qu'on leur présente sur les pratiques routinières dans lesquelles ils ont été élevés.

Afin de préciser l'enseignement à ce point, et de vulgariser les bonnes pratiques agricoles dans nos contrées, il m'a paru que le chemin le plus droit et le plus sûr était de mettre sous les yeux des propriétaires *le pourquoi* et *le parce que* des opérations. Par cette dissection du travail, si je puis m'exprimer ainsi, on met à nu les moyens en face du but, les faits seuls restent chargés de démontrer le vice ou l'efficacité des pratiques, et alors l'enseignement qui en résulte rend forcément le précepte irrécusable, et conséquemment puissant pour faire tomber à tout jamais les mauvaises traditions de la routine.

Enfin, pour éclairer en tous points le cultivateur, j'ai emprunté à la science quelques moyens faciles d'analyse et de calcul; à l'aide de ces moyens qui du reste sont à la portée de toutes les intelligences, il pourra, selon les besoins, étudier les terres, les amendements, etc., etc., et assurer toujours une direction intelligente à ses travaux.

Les modestes études agricoles que je viens offrir au Bas-Armagnac n'étaient pas dans mon esprit destinées à voir le jour; je m'en étais occupé uniquement pour ma propre instruction, il y a une douzaine d'années, et ce n'est qu'à la sollicitation de quelques amis que je me suis décidé à les publier. Je n'ai ni n'oserais avoir d'autre pensée que celle d'être utile à mon pays natal, où il y a encore tant à faire en agriculture; et aussi je mets avec confiance mon manuel sous la protection de mes compatriotes. Je me plais à espérer qu'ils m'accorderont une entière indulgence en faveur du but que je me suis proposé.

INTRODUCTION.

La classe qui forme la grande masse des
laboureurs est généralement simple, sans
grande portée dans les idées comme sans esprit d'observation ni d'application. Comme
elle est incapable de raisonner jusqu'à un
certain point les opérations du travail, on
pensait autrefois, et beaucoup de personnes
pensent encore aujourd'hui que l'agriculture
n'est qu'une œuvre d'imitation entièrement
manuelle, machinale, sans point de contact
possible avec les travaux de l'intelligence,
et conséquemment condamnée à une éternelle
immobilité. Tant que les sciences ont été dans
l'enfance, cette opinion pouvait avoir sa raison d'être; depuis qu'elles ont grandi, et
qu'en grandissant elles ont porté leur vive
lumière sur toutes les branches de l'industrie
humaine et ouvert de nouvelles voies, cette
opinion est une grave erreur dont l'influence

deviendrait funeste; car l'agriculture, comme toutes les industries qui se développent par les sciences, est provoquée à prendre sa part de progrès.

L'agriculture n'est donc point, qu'on cesse de le croire, une œuvre matérielle, purement manuelle et machinale; et si dans d'autre temps elle ne fut qu'un art, elle a le droit aujourd'hui de vouloir être considérée comme une science : car comme la science, elle observe, elle analyse, elle démontre ses opérations; comme la science, elle formule des enseignements précis, des enseignements qui sont des guides sûrs pour marcher au progrès et le réaliser. L'agriculture formule ses enseignements, mais, j'ai hâte de le dire, tous ses enseignements ne sont pas et ne peuvent pas être d'une application absolue et universelle; ils se modifient et ils doivent forcément se modifier selon la qualité du sol et l'action du climat; c'est au cultivateur à faire usage de son intelligence pour saisir l'esprit des préceptes, soit dans le choix des moyens, soit dans le choix des cultures.

Toutes les terres ne sont point propres aux mêmes cultures; c'est un fait qu'il est essentiel de proclamer fort haut, afin de prévenir ces mécomptes cruels et souvent ruineux qu'encourent des agriculteurs hasardeux qui, n'écoutant que la voix du progrès, se laissent emporter par ses promesses éblouissantes et se jettent tête baissée dans les innovations. Non, toutes les terres ne sont pas propres aux mêmes cultures, et il résulte de cette première vérité pratique que, pour marcher à des résultats assurés, le premier soin du cultivateur doit être d'étudier d'abord attentivement son sol, et d'y appliquer ensuite les cultures qui s'harmonisent le plus parfaitement avec sa nature et sa situation.

Cependant, de ce que les grandes cultures sont interdites, par exemple, aux terres faibles ou médiocres, il ne s'ensuit pas que les contrées à terres faibles et médiocres soient exclues de toute participation au progrès; il n'en est point ainsi fondamentalement, et, dans aucun cas, il n'en saurait d'ailleurs être ainsi pour le cultivateur intelligent et laborieux. Ne perdons pas de vue que si d'un côté les terrains s'échelonnent du riche à l'aride par une nombreuse subdivision de qualités, d'un autre côté, et par un accord merveilleux et visiblement tout providentiel, l'échelle des plantes cultivables présente des familles et des variétés nombreuses qui s'appliquent admirablement aux diverses qualités du sol. Du

reste, cette vérité repousse le doute aujour-
d'hui, et l'autorité de l'expérience l'a confirmée de la manière la plus décisive. Ainsi,
le froment se plaît-il dans les terres franches?
Nous voyons le seigle préférer les terres sablo-
argileuses et même sableuses ; si l'avoine
réussit dans les terrains argileux ou graveleux, ou même sableux suffisamment humec-
tés, d'un autre côté le maïs prospère parfaitement sur les terres de consistance et de
qualité moyennes; enfin, le millet réussit complètement sur les terres légères et les sables de
peu de qualité, et la vigne donne les produits
les plus satisfaisants depuis la plage sableuse
de notre golfe de Gascogne jusqu'au sommet
des coteaux ardus et cailloûteux du Béarn.

Mais cet heureux accord ne s'arrête pas aux
seules plantes qui s'adressent aux premiers
besoins de l'homme, il s'étend aussi aux plantes fourragères qui ont une destination si importante en agriculture. Et aussi, la luzerne
demande des terres franches ou des sables
gras, et le sainfoin-esparcette végète d'une
manière productive sur les terres médiocres;
le trèfle rouge exige des terrains frais et profonds sablo-argileux, et le *farouch*, la rave,
la vesce réussissent admirablement dans les
terrains doux légèrement calcaires ; enfin,

l'alpistre, le moha, le sarrasin, le maïs à poulet, la spergule géante, le millet, etc., etc.,
sont sans exigences pour le choix du sol, et
les prairies à base de graminées donnent les
plus belles productions sur les terres basses et
légèrement humides.

Chaque plante, dans l'ordre des céréales
comme dans l'ordre des fourragères, trouve
donc sa place marquée dans l'échelle des
terres cultivables; et par suite de cette merveilleuse harmonie, le problème agricole se
trouve visiblement réduit à l'intelligente application de la plante au terrain. Mais l'inef-
fable sollicitude de Dieu pour l'homme va
plus loin encore; et pour que rien ne man-
quât aux moyens de son bien-être sur la terre
par le travail, il a répandu avec profusion
dans les entrailles du sol et à peu de distance
de sa surface tous les agents désirables
d'amendement et de fécondation appropriés
aux besoins des diverses qualités de terrain.
Et en présence de tous ces éléments réunis
qui assurent au cultivateur le prix de ses travaux et de ses sueurs, que l'on ne dise donc
plus qu'un coin de terre quelconque est absolument exclu des avantages promis par le
progrès; il n'y a d'exclusion pour personne,
et le progrès, un progrès relatif, est ouvert et

accessible à tous; c'est à l'intelligence et aux bras de l'homme à le réaliser.

A côté de ces brillantes promesses faites à la propriété se présente pour nous la question du métayage. Avec le colon intelligent et laborieux, le métayage est sans contredit le mode de culture le moins dispendieux, et conséquemment le plus productif pour le propriétaire; et considéré de plus haut, du point dé vue social, il domine tous les autres systèmes par l'immense avantage d'intéresser les populations à l'ordre et à la paix publique en les associant à la fortune et pour ainsi dire à la famille du maître. Mais avec le colon indocile et sans dévoûment pour la terre qu'il cultive, le métayage est la ruine de l'héritage en même temps qu'une barrière infranchissable pour arriver au progrès. Si l'on veut faire entrer le métayer dans le mouvement progressif, on doit donc s'attendre à de grandes difficultés, à des difficultés que je dirai décourageantes; néanmoins avec une volonté forte, elles pourront être surmontées, et elles le seront positivement si le propriétaire prend une part active au travail, et s'il s'attache à démontrer par l'initiative des expériences et la décision irrécusable des faits la supériorité de ses pratiques sur les pratiques de la routine.

CHAPITRE PREMIER.

—

De l'Étude du Sol.

Nous avons posé en principe que le premier besoin de l'agriculteur, qui veut travailler avec prudence et succès, est d'étudier attentivement le sol qu'il cultive; cette étude est d'autant plus importante que l'avenir de l'exploitation en dépend.

On a dit dans le monde savant que l'agriculture ne progresserait réellement que lorsque les cultivateurs seraient initiés aux sciences naturelles dans leurs rapports avec l'industrie agricole. Prendre cette assertion rigoureusement à la lettre serait s'exagérer considérablement sa portée; néanmoins, il est vrai de dire que si le cultivateur possédait quelques notions élémentaires de ces sciences, le problème agricole se simplifierait sensiblement et deviendrait susceptible d'une solution plus facile. Ainsi, par exemple, pour étudier le sol et en apprécier exactement les qualités, il faut évidemment le décomposer et analyser séparément les éléments qui le constituent; or, on n'arrive à la décomposition et à l'analyse que par les moyens que possède l'une des branches importantes de la science, la chimie. Ce n'est donc que par la science que le cultivateur peut convenablement étudier ses terres : mais, qu'il ne s'effraie pas, il ne lui faut pas de grandes études, et nous allons voir qu'à l'aide de quelques petites opérations simplement pratiques, il lui sera aisé d'en apprécier les qualités d'une manière satisfaisante.

Et d'abord le sol arable se compose de l'agrégation de différentes terres que l'on divise en trois grandes classes, savoir :

1° Les terres argileuses plus ou moins compactes; ces terres où la glaise surabonde sont froides, humides et difficilement divisibles;

2° Les terres sableuses plus ou moins légères; ces terres sont sèches, sans adhérence ni consistance, et conséquemment peu propres à retenir le degré de fraîcheur nécessaire à la végétation;

3° Les terres calcaires plus ou moins pures:

Telles sont les trois grandes classes des terres élémentaires qui composent le sol arable. Prises isolément, elles ont nativement peu ou point de qualités végétatives, mais combinées dans certaines proportions, elles constituent le sol arable depuis le riche jusqu'au médiocre, selon que leurs principes bons ou mauvais y dominent, comme aussi selon qu'ils s'y trouvent associés dans le même rapport avec l'*humus* ou engrais.

A l'aide de ces premières notions fondamentales, le cultivateur fait déjà un pas vers la

connaissance des terres, il tient le secret de leur
constitution, et il comprend que du mélange
bien entendu des terres élémentaires dépend la
bonne qualité du sol arable; maintenant il lui
reste à apprendre dans quelles proportions elles
doivent être combinées. Pour marcher avec certitude dans cette recherche, non-seulement il a
besoin de moyens d'analyse, mais il a aussi besoin de termes de comparaison; et ces moyens
d'analyse et ces termes de comparaison, la
science l'en gratifie encore. Voici d'abord les
types qu'elle lui fournit avec les garanties d'une
expérimentation aussi consciencieuse que pré-
cise :

PROPORTIONS OBSERVÉES DANS LES DIVERSES
QUALITÉS DE TERRE.

Sol riche.		Sol bon.		Sol mauvais.	
Sable	2	Sable	3	Sable	4
Glaise	6	Glaise	4	Glaise	1
Chaux	1	Chaux	2 1|2	Chaux	5
Humus	1	Humus	0 1|2	Humus	0
	10		10		10

Avant d'aller plus loin, je veux m'arrêter un
instant avec le cultivateur devant ces trois types
pour l'éclairer par quelques réflexions qui naissent de l'appréciation de leurs éléments constitutifs. Le sol arable se compose, disons-nous,
de sable, de glaise, de chaux et d'humus. Le
sable et la glaise sont la base fondamentale des
terres, ils en constituent la masse; mais comme
la glaise et le sable sont nativement sans qualités

végétatives, il s'ensuit que la masse est généralement inerte, c'est-à-dire froide, maigre, incapable de production. Afin de la féconder, il faut
donc lui associer deux agents assez puissants,
soit pour la réchauffer, soit pour l'engraisser; et
c'est cette double action qu'exercent dans le sol
arable le calcaire sous quelque forme qu'il soit
donné, chaux, marne ou sable vif, et l'humus ou
résidu des matières animales et végétales, donné
sous forme de fumier de parc, de terreau, de
sable gras, et enfin de terres de choix. Que le cultivateur se pénètre bien de ce premier enseignement de la science sur lequel pivote essentiellement son travail : s'il veut que son champ lui
donne de belles productions, il doit le réchauffer à propos par des chaulages, des marnages ou
des sablages bien entendus, et lui prodiguer en
même temps le plus possible les engrais de toute
sorte.

Par le tableau synoptique des diverses qualités de terres que la science lui offre, il possède
désormais la connaissance des éléments qui entrent dans la composition du sol arable depuis
le riche jusqu'au mauvais; il connaît le genre
d'action de chacun de ces éléments, il a des termes de comparaison, et plus il se rapprochera du
premier type par un travail actif et intelligent,
plus il augmentera évidemment la puissance de
production de son champ.

Mais, pour donner une direction sûre à son
travail, il faut qu'il étudie son sol, qu'il en
connaisse la composition pour en apprendre les

besoins; et voici par quelles opérations aussi simples que précises il peut en apprécier les qualités :

Il prend 10 onces de terre à essayer, séchée
à un soleil très vif; il la passe à un crible à blé
ordinaire; s'il reste du gravier ou de petits cailloux, il les pèse; il verse sur cette terre criblée
une pinte d'eau claire, il agite le tout vivement
avec un bâton, et laisse reposer; s'il y a de
l'humus ou terreau, il le verra surnager sous
l'apparence d'une terre noire. Il décante par in-
clinaison cette partie du liquide formant une
zone noirâtre, il la fait sécher par l'évaporation
et il la pèse; c'est l'humus ou l'engrais.

Cette première séparation faite, il agite de
nouveau ce qui reste de liquide dans le vase; le
sable se précipitera au fond; il décante. Il ajoute
ensuite un litre d'eau en deux fois; un demi-litre
chaque fois sur le sable en l'agitant fortement.
Quand le sable est reposé, il décante; il réunit
ces deux dernières eaux à la première décantée
et laisse reposer.

Il décante la moitié ou les deux tiers de l'eau
qui a été réunie dans le vase, et il ajoute quatre
onces de *fort* vinaigre; il agite vivement par reprises et durant vingt-quatre heures le mélange,
il décante et conserve le liquide; il lave le résidu
avec un litre d'eau en deux fois, il laisse reposer, il décante et il réunit ces deux lavages à la
première liqueur; il fait sécher le résidu à un
soleil ardent et il pèse; c'est la glaise ou argile.

Enfin, dans le liquide où est le vinaigre, il
ajoute quatre onces d'une forte eau de lessive

faite avec une livre de cendre et un litre d'eau.
Il se formera un dépôt blanc qu'on lavera et
qu'on fera sécher au soleil; ce dépôt sera la terre
calcaire. L'opération ainsi terminée, il rassem-
blera toutes ces parties pour reconnaître s'il retrouve à peu près le poids de la terre essayée.
L'analyse sera bonne, s'il n'y a qu'un vingtième
de différence.

Par cette opération, qui est toute pratique, le
cultivateur pourra analyser son sol et reconnaître dans quelles proportions les terres élémentaires s'y trouvent combinées. Ces proportions
connues, il les rapproche du premier type, et la
comparaison lui indique le genre d'améliorations
qu'il doit effectuer.

Mais les enseignements de la science analy-
tique ne sont pas les seuls qu'il ait à connaître
pour l'appréciation de son sol; il faut qu'il connaisse aussi les enseignements de l'expérience
à ce sujet, enseignements préparés d'abord par
l'observation, vérifiés ensuite par la science, et
d'autant plus précieux qu'ils ont pour eux la
sanction des faits.

Le sol s'apprécie aussi par aspect, et l'expérience enseigne par quelles conditions extérieures on peut juger de ses qualités bonnes ou
mauvaises, sans cependant déterminer les proportions des éléments constitutifs, telles que
nous venons de les voir par l'analyse, et ainsi :

Une terre brune ou de couleur jaune foncé et
divisée offrira les premiers indices de fertilité. A
quelques centimètres de profondeur, elle devra

être assez humide et tenace pour s'agglomérer
sous la pression des mains, et redevenir pulvé-
rulente et divisible entre les doigts.

On peut reconnaître un sol de mauvaise nature lorsque, par exemple, ses parties sableuses
ne contractent entr'elles aucune adhérence; ou
encore lorsque, fortement plastique, il se cre-
vasse pendant les grandes chaleurs, qu'il retient
l'eau pendant les pluies, ou qu'enfin, détrempé,
il s'attache aux pieds ou aux ustensiles aratoires
avec une forte tenacité.

En remontant aux types que fournit la science,
on voit que l'expérience est tout à fait d'accord
avec elle, car, si ces terrains sont mauvais, c'est
que, dans le premier cas, le sable domine avec
excès, et que, dans le second, c'est la glaise.

Nos terrains vifs ont une teinte rougeâtre,
leur grain est assez gros, et ils sont suffisamment
compactes.

Nos terrains froids ont une couleur cendrée et
descendent jusqu'à la couleur blanchâtre. Ils
sont plus ou moins consistants ou légers, selon
que le sable ou l'argile y dominent.

Les terres que l'on rencontre le plus commu-
nément dans la partie *ouest* du département du
Gers, ainsi que dans quelques départements voisins, sont les terres dites de landes ou *lanives*,
terres qui, je crois, n'ont pas été étudiées, et que
l'on peut même dire inconnues des agronomes.
Ces terres, de couleur grise ou cendrée, sont généralement profondes, mais froides et légères; et,
bien que légères, elles sont d'un travail difficile,

surtout lorsqu'elles sont surprises par de fortes chaleurs après avoir été détrempées par les pluies. Elles ne renferment ni humus, ni carbonate de chaux, et néanmoins, malgré leur inertie native, elles sont susceptibles d'être élevées par le travail à un degré de fécondité très satisfaisant et d'être même appliquées avantageusement à toutes les cultures. C'est de ces terres que nous nous occuperons principalement.

Je ne terminerai pas sans appeler encore une fois et fixer fortement l'attention de l'agriculteur sur les agents fécondants. Les terres en général, et en particuliers nos terres lanives, sont, comme nous venons de le dire, nativement dépourvues de qualités végétatives, et ces qualités, il faut les leur donner, et les leur donner dans des proportions convenables, si l'on veut arriver à de bons résultats. Nous avons déjà vu que la chaux, la marne et le sable coquilier s'offrent à nous pour les *réchauffer*, et les fumiers et les terreaux pour les *engraisser;* mais prenons garde et ne les perdons pas de vue : le calcaire et l'humus entrent dans la composition organique des plantes cultivées, et les céréales, particulièrement, en absorbent et s'en assimilent une part assez notable. Il est donc évident que les sacrifices annuels que fait le champ à la production finiraient par l'épuiser dans peu si le cultivateur n'entretenait l'équilibre par l'emploi sans cesse répété des moyens de fertilisation, c'est-à-dire par le marnage, le sablage, ou le chaulage, soutenus par de bonnes fumures.

CHAPITRE II.

—

Etude du Sous-Sol.

Si l'étude du sol doit être le premier soin du cultivateur, il n'est peut-être pas moins intéressé à étudier le sous-sol avec une sérieuse attention, car le sous-sol a une importance plus grave qu'on ne le pense généralement, et il influe puissamment sur les intérêts de l'exploitation.

On désigne, comme tout le monde le sait, sous le nom de sous-sol la couche de terre placée immédiatement au-dessous du sol cultivé auquel elle sert de base ou d'assiette. Il peut selon sa qualité et son degré de proximité de la surface exercer une influence salutaire sur les cultures, comme aussi en compromettre le succès; il peut plus encore, il peut par la seule opération du labour profond fournir de bons amendements au sol supérieur.

Les qualités du sous-sol varient comme celles de la couche extérieure, il est :

Pierreux ou graveleux — Marneux ou calcaire.
Argileux ou glaiseux — Sableux ou tuffeux.

Le sous-sol pierreux ou fortement graveleux convient peu aux céréales ou aux plantes fourragères de premier ordre, à moins qu'il ne soit recouvert d'une forte couche de sol arable. S'il en est autrement, et que cette couche ne présente qu'une profondeur de quatre ou cinq pouces par exemple, les plantes à pivot, celles qui demandent des terres profondes, y végètent, et ne donnent qu'une production médiocre. Il est facile de comprendre qu'il doit nécessairement en être ainsi, car les racines de ces plantes se trouvant arrêtées dans leur développement normal, sont forcées de se replier vers la surface pour y chercher des moyens de nutrition, et ces moyens leur manquent d'autant plus tôt que la couche de terre qu'elles occupent a moins d'épaisseur et conséquemment moins de ressources alimentaires. Il est à remarquer en outre qu'en se repliant vers la surface, les racines viennent s'exposer à l'action souvent mortelle des grands froids ou des fortes chaleurs.

Mais si le sous-sol pierreux ou fortement graveleux recouvert d'une couche arable d'épaisseur moyenne ne convient pas ou convient peu à la culture des céréales et des grands fourrages, en revanche il s'applique merveilleusement à la culture de la vigne. Les travaux et les frais de plantation sur ces terrains sont plus considérables il est vrai que sur les terrains ordinaires, mais ces sacrifices sont largement compensés plus tard, car lorsque la vigne y réussit, elle donne les meilleurs vins, les vins les plus généreux.

Le sous-sol argileux ou glaiseux est de tous les sous-sols le plus mauvais par sa nature en même temps que le plus préjudiciable aux cultures, lorsque la couche arable qui le recouvre est peu épaisse, et que le champ par situation se refuse à l'écoulement naturel des eaux. Plastique avec excès, il retient et conserve une humidité à peu près constante et dès lors conséquemment nuisible aux plantes cultivées.

Les terres basses à sous-sol argileux ne conviennent qu'aux prairies naturelles à bases de graminées, et encore ces prairies exigent-elles des soins attentifs pour les préserver de l'envahissement du jonc et autres plantes marécageuses.

Suffisamment accidentées pour répondre de l'écoulement des eaux, elles peuvent être affectées aux mêmes cultures que les autres terres, mais à la condition de les assainir.

Si l'imperméabilité d'un sous-sol argileux ou glaiseux présente de graves inconvenients pour la culture avantageuse des terres, par contre, la perméabilité trop facile d'un sous-sol proprement dit sableux ne lui est pas moins nuisible, alors surtout que la couche arable qui le recouvre a peu d'épaisseur. Il est facile de comprendre en effet que le sable ne retenant l'eau que passagèrement, la couche supérieure est promptement desséchée dans les grandes chaleurs, et que la fraîcheur indispensable à la végétation venant à manquer aux plantes, elles ne rendent que des récoltes au rabais. Avec nos terres accidentées et les sécheresses de notre climat, le sous-sol sableux est donc essentiellement préjudiciable au revenu des terres, et il est assez difficile d'en atténuer le mal. Le marnage seul peut y remédier jusqu'à un certain point par la quantité d'argile qu'il apporte à la couche arable; car, par la consistance qu'elle lui donne, l'argile le prépare à retenir plus longtemps la fraîcheur; et en outre, au fur et à mesure qu'elle descend, elle va s'incorporer au sous-sol dont elle modifie la nature au profit du sol cultivé.

Les terres basses à sous-sol sableux ne sont point aussi exposées aux mêmes inconvénients, puisque par situation elles sont disposées à conserver plus longtemps l'humidité.

Le sous-sol tuffeux a le droit d'être compté dans le nombre des bons sous-sols, et, lorsqu'il n'est pas argileux avec excès, il rivalise avec les sous-sols de première qualité; ferme et compacte, mais néanmoins perméable par la présence du sable qui entre dans sa composition, il fournit à la couche arable une assiette qui sert parfaitement les intérêts de toutes les cultures. Cependant, le tuf, vulgairement désigné parmi nous sous le nom de *terrebouc*, est généralement déprécié par nos cultivateurs; non-seulement ils n'admettent pas qu'il puisse être mêlé avantageusement avec la couche arable du champ, mais même ils repoussent cette pratique comme insensée. Ils sont d'abord dans une grave erreur, mais de plus ils ne sont pas conséquents avec eux-mêmes dans cette question, car s'ils le repoussent pour le champ, pourquoi le préconisent-ils pour la vigne?

Oui, il y a du mauvais *terrebouc,* du *terrebouc* dont le mélange nuirait à la qualité des terres, du terrebouc éminemment argileux qu'il faut se garder d'incorporer à la couche cultivée, à moins que par une gradation presque insensible; mais il y a aussi du terrebouc qu'on peut hardiment attaquer avec la charrue et réunir sans crainte au sol supérieur, car ce terrebouc est parfait; touché par les acides, il se déclare calcaire à un certain degré, c'est le terrebouc marneux.

Il y a donc du tuf marneux qu'un œil exercé peut reconnaître à son grain dur et serré, comme aussi à sa teinte fortement ocreuse et brune; mais pour le juger avec certitude, on doit l'essayer à l'eau forte ou au vinaigre.

On rencontre encore une autre qualité de tuf, qui peut être aussi employé avec avantage, et que nos cultivateurs estiment beaucoup sans en connaître les qualités. Ce tuf est dur, quoique à gros grain, de couleur jaune-brun, marbré de noir, et présentant dans la composition de ses couches des feuilles d'une matière noire, parfois brillante comme un métal; cette matière noire est de l'humus, ou du charbon, ou un minerai. Si c'est de l'humus, en procédant par le lavage, comme nous l'avons dit plus haut, on le voit surnager dans le vase sous forme d'une zone noire; si c'est du charbon, en jetant un morceau de tuf dans un foyer ardent, on voit la matière noire brûler et rougir comme du charbon de bois;

si ce n'est ni de l'humus ni du charbon, c'est du minerai de fer ou tout autre minerai.

Le terrebouc, dans la composition duquel il entre une certaine quantité d'humus, est parfait pour les terres; celui qui renferme du charbon produit aussi de très bons effets parce que le charbon attire et fixe les gaz atmosphériques sur le sol.

Le terrebouc de bonne qualité est le meilleur sous-sol pour la prospérité et la durée de la vigne, et c'est à lui que les bons crus de l'Armagnac doivent la supériorité de leurs vins pour la distillation, ainsi que la sève de leurs eaux-de-vie.

Enfin, le sous-sol proprement dit marneux se place en première ligne avec la supériorité que lui donne la richesse de sa composition. Compacte et perméable en même temps, il réunit toutes les conditions désirables pour servir les intérêts des cultures; la vigne s'y plaît particulièrement, car la vigne aime la marne, et les vins qu'elle y produit se distinguent par leurs qualités liquoreuse et alcoolique.

CHAPITRE III.

Amélioration du Sol arable par le Sous-Sol.

Nous venons de passer en revue les diverses qualités qui appartiennent tant à la couche supérieure qu'à la couche inférieure du sol arable, et par l'appréciation de leurs qualités particulières et de leurs rapports; nous sommes conduits à reconnaître que, dans beaucoup de cas, la masse cultivée peut être très avantageusement améliorée par son seul mélange avec le sous-sol.

Il est démontré par l'expérience que les terres, pour être dans des conditions favorables de culture, doivent offrir, en principe, un degré de consistance qui les place à une distance à peu près égale entre le sol proprement dit argileux, et le sol proprement dit sableux. Cette consistance moyenne est si bien, du reste, une des bases fondamentales et essentielles des bons terrains, qu'elle distingue les *terres franches* dont la fécondité est proverbiale.

Ce principe admis :

Supposons d'abord que nous cultivons une terre fortement argileuse, mais supportée à une

profondeur de quelques pouces par un sous-
sol purement sableux, ou même par un sous-
sol où le sable domine. Si nous incorporons par
le labour une portion de ce sous-sol à la couche
supérieure, il est évident que cette couche,
d'abord argileuse, sera modifiée par le mélange
du sable inférieur, et qu'ainsi ramenée à l'état
de consistance moyenne, elle acquiert immédiatement, par ce seul fait, un degré notable de
qualité. Elle devient à l'instant même divisible,
moins froide, perméable à l'action des gaz et
des rayons solaires, et enfin plus facile au travail.

Supposons, au contraire, que nous cultivons
un sol léger, sableux, reposant à une petite profondeur sur un sous-sol argileux ou tuffeux. Si
nous incorporons par le labour quelques pouces de ce sous-sol à la couche supérieure, il est
clair que nous obtenons le même résultat que
dans le premier cas, puisque par l'incorporation du sous-sol, la couche cultivée est portée
tout aussitôt à l'état de consistance moyenne.

Enfin, supposons que nous cultivons une
terre quelconque, forte ou légère, mais froide
et inerte. Si elle a pour assiette un sous-sol marneux ou un tuf de première qualité, le mélange
du sous-sol, dans une proportion intelligente,
convertira très certainement en peu de temps la
masse cultivable en une terre fertile et propre à
toutes les cultures.

Ces démonstrations, qui sont d'une évidence
toute pratique, suffiront pour faire comprendre

combien il importe à l'intérêt de l'exploitation d'étudier attentivement le sol arable dans ses rapports avec le sous-sol; elles suffiront pour faire toucher du doigt aux hommes qui repoussent le sous-sol comme compromettant qu'à l'aide d'un simple labour de défoncement on peut, selon les cas, changer la nature des terres, et, d'improductives qu'elles sont, les élever par la seule action de la charrue à une fécondité qui, j'ose le dire, est impossible à atteindre par les moyens usités. Le défoncement doit donc être adopté avec d'autant plus d'empressement lorsque les rapports entre la couche cultivée et le sous-sol y invitent, que nous savons tous que le marnage, le sablage ou le chaulage, que nous exécutons pour améliorer nos terres, exigent des sacrifices écrasants, et que, d'un autre côté, ils sont impraticables pour le plus grand nombre par le temps qu'il faut y consacrer pour opérer sur une grande étendue.

Le mélange du sous-sol avec la couche cultivée est donc susceptible d'améliorer puissamment et sans frais les diverses natures de terres, et en particulier nos terres lanives si peu consistantes et si froides. Cependant, il ne faut pas perdre de vue que cette incorporation doit être lente et progressive. S'il en était autrement et que l'on procédât de prime abord par un fort défoncement, on s'exposerait à compromettre pour plusieurs années la qualité du sol. Il faut se bien pénétrer aussi de l'idée que le sous-sol, quelque bon qu'il puisse être nativement, le sous-sol marneux excepté, n'ayant jamais été remué et n'ayant conséquemment jamais reçu les influences fertilisantes de l'atmosphère et du travail, nuirait essentiellement à la production s'il entrait de prime jet en trop forte quantité dans la couche supérieure.

Enfin, j'ajouterai, comme dernière considération sur cette question importante, qu'à l'aide de ces défoncements successifs à la charrue, alors même que le tuf serait sans qualités, on peut en peu d'années doubler la masse arable si insuffisante aujourd'hui aux besoins des plantes à raison de la superficialité de nos labours. On comprend que pour ne point altérer la qualité de la masse, on doit annuellement augmenter les fumures et les amendements dans une proportion convenable.

CHAPITRE IV.

Des Amendements.

Après avoir fait connaître les différentes terres élémentaires qui entrent dans la composition
du sol arable, ainsi que les proportions dans
lesquelles elles doivent être combinées entre
elles pour en constituer la bonne qualité; après
avoir signalé les avantages que l'on peut retirer
du défoncement par le mélange du sous-sol
avec la couche supérieure, nous allons passer aux
amendements et indiquer leur mode d'emploi.
La chaux, la marne et le sable vif étant les plus
usités parmi nous, nous les étudierons chacun
en particulier, tant dans la puissance d'action
qui leur est propre que dans leurs rapports
avec les terres qu'ils sont destinés à améliorer,
et notamment avec les boulbènes et les terres
lanives. Rappelons-nous que le sol arable pour
être dans les plus parfaites conditions de ferti-
lité, doit offrir dans sa composition 10 0|0 de
calcaire; que lorsque ce principe n'y existe pas,
il est froid jusqu'à l'improduction, et qu'alors,

pour en améliorer la nature, il faut nécessairement le réchauffer; c'est cette amélioration que
réalisent la chaux, la marne et le sable coquil-
lier, par les qualités stimulantes qui leur sont
propres.

De la Marne.

Le marnage est le mode d'amendement le
plus généralement employé par nos cultivateurs,
parce que la marne est à peu près partout dans
nos contrées et à peu de profondeur de la surface.

Les éléments principaux qui entrent dans la
composition de la marne sont l'argile, le sable
et le carbonate de chaux; elle est plus ou moins
active selon que le carbonate de chaux y est en
plus ou moins forte quantité, comme aussi elle
est plus ou moins douce, selon que le sable ou
l'argile y dominent. Le principe calcaire est donc
ce qui distingue et caractérise la marne, et, sans
ce principe, tout ce qui peut ressembler à l'aspect de la marne, n'est simplement que de l'argile.
Plus la marne est calcaire, plus elle féconde puissamment le sol. Lorsque cependant le principe
calcaire s'y trouve avec excès, elle peut être nuisible dans l'emploi. L'expérience a proclamé que les
marnes dont le degré d'activité est extrême sont
dangereuses, et cela s'explique par la difficulté de
donner au champ la quantité qu'il lui faut, et rien
au-delà. J'accepte cet enseignement de l'expérience, pris des temps où il nous a été donné, mais
je crois que depuis que la science a fourni les

moyens d'analyser les marnes et de reconnaître leur degré de puissance, on peut employer sans danger les plus énergiques, parce qu'il est facile aujourd'hui d'apprécier ce que l'on donne au champ.

Le marnage s'applique admirablement aux boulbènes douces et aux terres lanives. La raison en est simple et concluante, c'est que par son carbonate de chaux la marne les réchauffe et les stimule, et que par l'argile qu'elle leur apporte elle leur donne le degré de consistance qui leur manque.

L'emploi de la marne doit être toujours mesuré, et d'après le degré de sa force et d'après les besoins du sol. La science fournit sans doute par ses opérations analytiques des moyens certains d'apprécier le degré de vigueur de la marne, et par conséquent les quantités nécessaires à la terre en réparation; mais comme tous les cultivateurs ne peuvent pas s'élever jusqu'à ces calculs, nous emprunterons à l'expérience ses enseignements à ce sujet.

En général, nos marnes renferment moyennement de 8 à 10 p. 0|0 de carbonate de chaux. D'après les usages du pays, on en transporte par hectare 800 tombereaux ou 200 mètres cubes environ lorsqu'on opère sur un vieux champ, sur une terre déjà cultivée depuis longtemps. Si la marne a 10 p. 0|0 de carbonate de chaux, et si la terre en réparation a encore quelque valeur, cette quantité est suffisante pour préparer de très bons résultats; ce marnage répond à un chaulage fait à raison de 10 mètres cubes de chaux par hectare à peu près. D'ailleurs, on ne doit jamais perdre de vue qu'il faut procéder au marnage avec une certaine prudence, que s'il excédait les proportions nécessaires, il deviendrait nuisible, et qu'il vaut mieux marner trop peu que de trop marner.

Si, après la deuxième récolte, on remarque que la réparation a été insuffisante, on y revient. Les marnages légers sont, du reste, les mieux entendus; en effet, si dans une campagne d'été le cultivateur qui transporte 800 tombereaux de marne les répandait sur deux hectares au lieu de les employer sur un seul pour le réparer complètement, il est positif que ces deux hectares lui donneraient proportionnellement une récolte bien plus abondante. Les marnages légers sont donc à tous égards préférables lorsque les terres ne sont pas arrivées à un degré déplorable d'épuisement, d'abord, parce qu'ils conduisent plus promptement au revenu, et qu'ensuite, répétés plus facilement, ils élèvent insensiblement la propriété à un état parfait de réparation.

Après avoir déterminé les proportions du marnage, vient la question de l'enfouissement de la marne. Cette opération a d'autant plus d'importance que le plein succès de l'opération peut en dépendre; et l'on voit souvent cet amendement si puissant conduire à de médiocres résultats, uniquement parce qu'il n'a point été enfoui avec le soin et l'intelligence désirables.

La marne, pour agir généreusement sur le sol, demande à être enfouie par un beau temps, et lorsque les terres sont sèches ou du moins bien égouttées; elle doit être sèche elle-même et bien délitée et autant que possible bien divisée, afin qu'on puisse la répandre uniformément; enfin elle doit être recouverte au fur et à mesure qu'on la répand, et recouverte par un labour de profondeur moyenne. Je dis de profondeur moyenne, parce que, si le labour d'enfouissement n'est que superficiel, la marne ne se trouvant pas mitigée par une quantité suffisante de terre exerce au début une trop forte action sur la plante; si, au contraire, il est trop profond, la marne se trouvant précipitée au fond de la couche, les plantes en profitent peu, et le marnage ne dure pas.

Je termine en faisant observer que lorsqu'on projette un marnage, il est essentiel qu'on fasse extraire les marnes avant, ou à l'entrée de l'arrière-saison, qu'on en fasse des approvisionnements et qu'on ait surtout le soin de les déposer sur des points assez élevés pour les préserver de la submersion ou de la stagnation des pluies d'hiver. Disposées en grands tas de forme conique, les marnes se délitent, mûrissent, et acquièrent notablement de la qualité; et lorsque vient le moment de l'emploi, les réparations s'exécutent avec grande facilité et grande vitesse, puisque l'amendement est prêt et qu'il ne faut que charger.

2

Recherche de la Marne.

La marne est un agent trop précieux en agriculture pour qu'on ne s'attache pas à la rechercher partout où l'on peut la soupçonner. Des hasards la dénoncent ou la découvrent parfois sans doute au cultivateur là où rien n'en indiquait l'existence; mais comme ces hasards sont rares et que d'ailleurs on ne saurait raisonnablement se condamner à tout attendre de ces révélations fortuites, il convient de faire connaître les moyens que fournissent à ce sujet l'observation et l'expérience.

Dans la recherche de la marne, les plantes ont donné les premières indications. On avait observé qu'au-dessus des marnières ouvertes, les tussillages, les sauges, les trèfles jaunes, les ronces, les chardons se produisaient avec une certaine prédilection; on fouilla des terres où ces plantes paraissaient se plaire également, et à peu de profondeur de la surface on rencontra la marne. Ces premiers essais furent suivis de nombreuses expériences faites dans des contrées diverses; partout le même succès fut obtenu, et il ne saurait plus être douteux par suite d'une inexpérimentation ainsi confirmée, que, là où les tussillages, les ronces, les sauges, etc., se montrent en abondance, la marne n'est pas loin.

Lorsqu'à l'aide de ces indications, on est conduit à supposer l'existence de la marne sur un point de la propriété, pour ne pas s'exposer à des frais de fouille toujours dispendieux par les moyens généralement usités, il convient de procéder à sa recherche par la sonde. Par des sondages intelligemment dirigés, on peut facilement, et j'ose dire sans frais, reconnaître et constater l'existence et l'étendue d'un banc de marne. L'usage de la sonde est si avantageux pour ce genre de recherche que chaque propriétaire devrait avoir la sienne, ou tout au moins devrait-on s'associer entre voisins pour en avoir une à frais communs.

Il peut arriver, comme il arrive du reste parfois, qu'on croit avoir trouvé la marne alors seulement qu'on n'a que de l'argile; car il y a des argiles qui ont si identiquement toutes les qualités extérieures de la bonne marne qu'elles trompent facilement l'œil même le plus exercé. Pour prévenir des erreurs dont les suites sont essentiellement compromettantes, l'enseignement vient encore en aide au cultivateur avec toute l'autorité de l'expérience. Ce qui distingue la marne de l'argile, comme nous l'avons dit plus haut, c'est le carbonate de chaux qui entre dans sa composition; il n'y a pas de marne sans ce carbonate, et dès que nous possèderons des moyens certains de constater sa présence, il n'y aura plus à se tromper entre la marne et l'argile.

Pour procéder à cette reconnaissance, les moyens sont on ne peut pas plus simples. Lorsque la sonde apporte des fragments d'une terre qui présente toutes les qualités extérieures de la marne, on prend une quantité quelconque de cette terre et on la dessèche soit à un soleil très ardent, soit dans un appartement bien chaud. Lorsqu'elle est parfaitement desséchée et froide, on y jette quelques gouttes d'acide nitrique ou eau forte. Si elle renferme du carbonate de chaux, on voit tout aussitôt se produire sur cette terre un mouvement prononcé d'effervescence, et ce mouvement sera d'autant plus sensible et plus durable que le principe calcaire y existera en plus forte quantité.

Comme les propriétaires des campagnes n'ont pas ordinairement de l'acide nitrique sous la main, ils essaieront les marnes desséchées comme il vient d'être dit, au moyen du vinaigre le plus fort dont ils pourront disposer. A cet effet, on met un bon travers de doigt de ce vinaigre dans un verre préalablement bien ressuyé, et on y plonge un morceau de marne de la grosseur d'une noix. Si le principe calcaire y existe à un certain degré, il se produit quelques instants après une ébullition marquée à la surface du vinaigre, et ce bouillonnement sera, comme dans le premier cas, plus ou moins prononcé et durable, selon que la marne sera plus forte ou plus faible.

Les marnes faibles doivent être rejetées parce qu'elles exigent dans l'emploi la même dépense que les bonnes marnes, et qu'elles ne produisent que peu ou point de bien.

Analyse de la Marne.

J'ai dit que pour marcher au succès avec certitude il ne suffisait pas de savoir que l'on a de

la marne, mais qu'il était essentiel d'en connaître le plus approximativement possible le degré
de force et d'activité. Les acides donnent sans
doute des indices positifs de la présence du carbonate de chaux dans sa composition, et le plus
ou moins d'effervescence observée est un signe
assuré de son plus ou moins de vigueur; cependant, cette appréciation reste indéfinie, et dans
l'emploi on est sans guide sûr pour déterminer
par la qualité la quantité à donner au champ. En
face des inconvénients qui peuvent en résulter,
il est donc utile que le cultivateur connaisse les
moyens d'analyse que la science fournit, afin de
s'éclairer complètement. Voici ses enseignements à ce sujet; ils sont simplement pratiques
et à la portée de tous.

Pour déterminer avec précision la valeur de
la marne, on en pèse une livre bien sèche, et on
la met dans un vase avec du vinaigre très fort.
On l'y laisse jusqu'à ce qu'elle ne produise plus
d'effervescence; on ajoute alors une petite quantité d'eau à diverses reprises, on remue vivement avec un bâton de manière à bien délayer
l'argile, et on décante ensuite dans un autre vase
après un instant de repos, pour laisser au sable
le temps de se précipiter au fond du premier.
On recueille ce sable que l'on fait sécher et que
l'on pèse. Quand l'argile qui est restée dans le
second vase s'est précipitée et que l'eau est de-
venue claire, on décante avec précaution, et on
fait évaporer le reste de l'eau, soit au soleil,
soit au four, après la cuisson du pain. Le poids

de l'argile étant connu, on l'additionne avec celui
du sable, on retranche le total du poids du morceau de marne sur lequel on a opéré, et la différence représente le carbonate de chaux. Par
ce procédé, d'une exécution bien facile, on connaît la quantité proportionnelle du carbonate
dans la marne, et on est en situation d'en faire
un emploi judicieux.

Du Sable agricole.

Bien que le sable ne soit pas aussi généralement employé parmi nous que la marne, bien
que les agronomes paraissent ignorer son existen-
tence ou se taisent sur sa valeur comme amendement, il n'en est pas moins vrai qu'il a une
importance immense pour la fécondation des
terres, et qu'il rivalise glorieusement avec la
marne, si, toutefois, il ne lui dispute pas le premier rang. Vif ou gras, selon son origine, il réchauffe ou il engraisse, il ameublit et il assainit
le sol, et partout où le sablage est exécuté dans
de bonnes conditions, les résultats se chargent
de démontrer et de proclamer sa puissance.

Le sable agricole se divise en deux qualités
bien distinctes : le sable vif ou de carrière, le
sable gras ou de mine.

Le sable vif est extrait dans nos contrées des
carrières à *pierre coquillière;* sa couleur se
nuance depuis le rouge faible jusqu'au rouge
foncé tendant au brun; son grain est gros et rude
au toucher, et il adhère assez facilement sous
la pression des mains. Soumis à l'action de l'eau

forte ou immergé dans de bon vinaigre, il fait effervescence; et plus cette effervescence est prononcée et durable, plus il renferme du carbonate de chaux.

On rencontre aussi dans les mêmes carrières des bancs de sable gris-blanc qui précèdent ordinairement la couche de pierre. Ce sable a généralement beaucoup de vigueur, et il réussit merveilleusement sur les terres humides ou fortement argileuses. Lorsqu'il a été reconnu calcaire à un degré satisfaisant, il convient de le mêler avec le sable rouge dont il vient d'être parlé. Ce mélange assure de bons effets sur toutes les terres.

Le sable vif doit être employé avec prudence, et là, comme pour la marne, il est sage de rester en deçà de la quantité nécessaire plutôt que d'aller au-delà. L'excès d'un sablage est susceptible de conduire le sol à l'infécondité pendant un certain temps, à moins que pour en atténuer l'effet on ne pratique immédiatement un fort labour de défoncement; le sable donné à trop fortes doses *brûle les récoltes* comme le disent nos cultivateurs. N'oublions pas que les terres calcaires hors de proportion sont, comme nous l'apprend le troisième type, les plus stériles, les plus improductives.

Le sable de mine est commun dans nos contrées; mais il faut y prendre garde, il est rarement de bonne qualité. Le bon sable de mine se distingue par sa couleur rouge vif tendant au brun-rouge; il est parfois grainé et même veiné de noir, et il précède ou il suit ordinairement un banc de marne; son grain est gros et rude, et il adhère facilement sous la pression des mains. Quand il repose sur la marne ou qu'il existe immédiatement au-dessous d'un banc marneux, il est assez généralement calcaire quoiqu'en petite quantité; sa qualité fertilisante réside particulièrement dans la quantité d'humus qui entre dans sa composition, et de là la dénomination de sable gras qu'on lui donne dans le pays. Aussi, plus sa couleur est foncée, plus il engraisse le sol. Lorsque le sable de couleur brun-rouge est séparé du banc de marne par une couche de sable gris-blanc, le mélange de ces deux qualités de sable produit un ensemble parfait, car il est rare que le sable gris-blanc, qui repose sur la marne ou qui la suit, ne soit pas calcaire à un certain degré.

Le sable d'un rouge pâle, et dont le grain est doux et menu jusqu'à l'impalpable, doit être soigneusement délaissé; il est terreux et sans qualités pour l'amendement des terres; il y a plus, il les détériore.

L'emploi du bon sable de mine ne présente aucun danger, on peut en donner largement aux terres. Il dure, il est vrai, comme amendement, moins longtemps que la bonne marne; mais il produit d'assez bons effets pour être recherché: de plus, ce sablage s'effectue à bien moins de frais que le marnage, les distances à parcourir pour le transport étant les mêmes d'ailleurs.

L'action fertilisante du sable et particulière-

ment du sable vif s'étend indistinctement et
admirablement à toutes les qualités de terres,
qu'elles soient fortes ou légères, boulbènes ou
lanives; cependant, son emploi est mieux indiqué pour les terrains argileux et forts, comme
aussi pour les terrains bas et humides; et cela
se conçoit. Les terrains argileux sont généralement froids et difficiles à travailler; le sable
agissant d'abord mécaniquement les divise, les
ameublit et les dispose conséquemment au travail facile; en outre, par le calcaire qu'il leur
apporte, il les réchauffe et les anime. Quant aux
sols bas et humides, il n'est personne qui ne
comprenne qu'il doit forcément les assainir par
sa qualité absorbante, et qu'à l'aide de l'absorption et du degré de chaleur qu'il leur donne, il
ne peut que les élever aux conditions les plus
favorables de fertilité.

Le sable n'a pas seulement le privilége dominant, je dirai même exclusif, de convenir à toutes les qualités de terres, mais encore il les
dispose admirablement en faveur de toutes les
cultures, tant dans l'ordre des céréales que dans
l'ordre des fourragères. Ainsi, partout où le sablage a été pratiqué avec soin, blé, maïs, farouch, raves, trèfles, luzerne, betteraves, etc.,
tout réussit, tout végète avec un luxe de vigueur
qu'aucun autre amendement ne saurait produire;
et il n'est pas jusqu'à la vigne qui ne témoigne
de sa supériorité, soit au point de vue de la production, soit encore plus au point de vue de
l'amélioration des qualités du vin.

On objecte que le sable ne lie pas les terres comme la marne. Je l'accorde; mais il les rend faciles au travail en tout temps, et ce résultat est assez précieux pour qu'on en tienne compte. Du reste, pour lier les terres, c'est-à-dire pour les protéger contre les ravages des eaux, je ne connais rien qui vaille le labour profond et les bonnes fumures.

On objecte encore que le sablage dure moins que le marnage. Bien que cette opinion soit généralement adoptée par nos cultivateurs, je crois avoir le droit de dire qu'elle n'a pas été suffisamment réfléchie, et en effet : supposons que l'on transporte sur une parcelle 100 tombereaux de marne et 100 tombereaux de sable d'une égale puissance représentée par 10 p. 0|0 de carbonate de chaux. Les 100 tombereaux de marne apporteront, il est vrai, 10 tombereaux de carbonate de chaux à cette parcelle, mais ils lui apporteront aussi en même temps 90 tombereaux d'argile plus ou moins pure. Or, si le carbonate de chaux réchauffe et fertilise, l'argile refroidit et détériore; et, ainsi, il devient impossible de ne pas admettre que l'argile étant donnée en quantité neuf fois plus forte que le carbonate de chaux n'en atténue la force et n'en diminue pas conséquemment la durée. Pour le sable, l'effet se produit en sens opposé. Comme la marne, il apporte à la parcelle 10 tombereaux de carbonate de chaux, mais il lui apporte aussi en même temps 90 tombereaux de silice plus ou moins pure qui lui sert de base.

Or, cette masse de silice, loin d'atténuer l'activité du carbonate de chaux, lui vient, au contraire, en aide et l'augmente; car, par sa nature, la silice sollicite les rayons solaires, elle les fixe au sol, et contribue ainsi physiquement à le réchauffer et à prolonger la durée de la réparation.

Je ne veux pas terminer sans signaler un usage auquel le sable peut encore être employé avec une immense supériorité; cet usage consiste à le donner en litière dans les étables; pour en retirer les précieux avantages qu'il promet à l'amélioration des fumiers, il suffira de quelques légers changements dans la disposition des loges.

Les loges aujourd'hui sont inclinées vers leur partie postérieure dans le but de déverser les urines des animaux, et généralement toutes les matières liquides de leurs déjections dans une rigole d'écoulement d'où, pénétrant dans le parc, elles vont se perdre sans profit dans la masse. En inclinant ainsi ce plan, on a voulu assainir le terrain sous les pieds des animaux, et jusque-là c'était bien; mais on n'a vu qu'un côté de la question, on n'a pas vu qu'en soutirant ainsi ces liquides de la litière, on apauvrissait inévitablement et considérablement les fumiers d'étable, les seuls qui aient une valeur réelle.

Il est inutile de dire qu'une conséquence aussi grave appelle une prompte réforme, et pour que la réforme satisfasse à tous les intérêts à la fois, il faut non-seulement qu'elle fixe les déjections animales dans la litière, mais qu'elle maintienne en même temps l'état sanitaire des étables. Pour obtenir ce double résultat, substituons le plan horizontal au plan actuellement incliné des loges, et établissons à 12 ou 15 pouces en arrière des pieds des animaux une traverse hermétiquement incrustée au sol, et de hauteur suffisante pour retenir la litière. Par ce simple changement de dispositions, nous arrivons évidemment d'abord à conserver dans les fumiers les principes essentiels de l'engrais.

Mais ce premier avantage deviendrait dangereux pour la salubrité des étables si nous n'avisions pas aux moyens à prendre pour neutraliser ou tout au moins atténuer les miasmes qui proviendraient infailliblement de la stagnation pendant plusieurs jours des déjections liquides dans les loges. Ici le sable, donné qu'il soit en litière, s'offre pour prévenir tout danger; et, en effet, par les propriétés absorbantes qui le distinguent, il pompera, il absorbera et il s'incorporera les liquides dont il s'agit, et il en neutralisera ainsi les effets insalubres; de plus, il rendra impossible toute humidité dangereuse pour les animaux puisqu'il ne peut passer qu'à la longue à l'état boueux. Voici comment nous l'appliquerons à cet emploi : lorsque les loges auront été curées, bien nettoyées, nous répandrons sur toute la surface de leur plan une couche de sable de trois ou quatre pouces d'épaisseur, et nous le recouvrirons d'une bonne couche de litière; aussitôt que cette couche de litière remuée et retournée autant qu'il sera nécessaire paraîtra avoir fait son temps, elle sera recouverte d'une seconde couche de sable à peu près aussi épaisse que la première et sur laquelle on étendra une nouvelle couche de litière; on procèdera ainsi successivement pendant huit ou dix jours selon l'épaisseur du fumier des loges, et lorsque le moment sera venu, on enlèvera le tout ensemble, et on le transportera dans la fosse à fumier comme il sera dit plus tard. Par l'adoption de cette méthode, dont la mise en pratique n'exige ni dépense d'argent ni dépense de temps, nous assurerons aux fumiers d'étable toutes leurs qualités fécondantes, nous en augmenterons en même temps la quantité par l'incorporation d'un agent précieux pour la fertilisation des terres, et la salubrité des étables sera non-seulement sauvegardée mais améliorée.

Le sable de mine et le sable vif sont particulièrement recommandés pour cet usage.

Les loges des animaux doivent être pavées.

Recherche des Carrières et des Marnières par les Sources.

J'ai déjà fait connaître les moyens fournis par l'observation botanique pour conduire le cultivateur dans la recherche de la marne; cependant, comme ces moyens reposent sur la connaissance des diverses plantes inconnues de la plupart des habitants des campagnes, l'ensei-

guement courrait risque de demeurer sans résultats. Pour aller au-devant de cette lacune et
porter le plus de lumière possible sur cette
question importante, j'emprunterai à l'observation hydraulique de nouveaux moyens plus à la
portée de tous.

Les sources coulent ou sur l'argile, ou sur la
marne, ou sur le roc, et puisqu'elles ont indispensablement besoin de l'une de ces trois bases,
elles s'offrent comme un guide certain dans la
recherche. Et ainsi :

Lorsqu'une source coule sur l'argile, ses eaux
manquent d'une limpidité parfaite, elles sont
légèrement blafardes et d'une saveur un peu
fade.

Lorsqu'une source coule sur la marne, ses
eaux sont plus limpides, plus dépouillées, et
d'une saveur relevée que leur communique le
carbonate de chaux à leur passage sur le banc
marneux. Ces eaux entraînent à peu près toujours dans les fontaines un sable rouge-brun ou
gris qui est le sable de mine dont nous avons
parlé plus haut.

Enfin, lorsqu'une source coule sur la pierre,
ses eaux ont la limpidité du cristal, elles sont
agréables au goût, et elles entraînent avec elles
un sable à gros grain, rude, et qui s'annonce au
toucher comme un détritus de pierre.

Les sources fournissent donc des indices à
peu près certains pour la recherche des marnières et des carrières, et notamment dans nos
contrées accidentées; mais comme les sources

ne tombent pas dans les fontaines par une ligne droite et perpendiculairement, voici par quel moyen aussi simple que pratique on procède à la recherche et la constatation du banc pierreux ou marneux qui les supporte. Une fontaine étant donnée, on décrit de son point comme centre et en amont de l'emplacement qu'elle occupe un demi-cercle de quelques mètres de rayon, et sur la ligne de ce demi-cercle on pratique divers sondages d'une profondeur égale au niveau du débouché de la source. Si le banc qui la supporte est pierreux, la sonde refuse et la pierre est trouvée ainsi que la hauteur des déblais pour l'exploiter à ciel ouvert; si le banc est argileux ou marneux, on essaie par les acides l'échantillon apporté par la cuillère de la sonde.

Dans les pays plats et avec des sources jaillissantes, les sondages doivent être faits en contre-bas de la fontaine; mais dans cette situation, l'exploitation des carrières et des marnières présente de grandes difficultés.

Enfin, si les terres basses sont bornées à peu de distance par des coteaux, ce sont les coteaux qu'il faut explorer par les sondages, car c'est vraisemblablement de ces coteaux que part la source, et c'est sur ces coteaux que gît la marne ou la carrière.

De la Chaux.

De tous les amendements employés en agriculture, la chaux est sans contredit le plus puissant, et, du reste, qu'est-il besoin de le dire, lorsque tout le monde sait que ce qui constitue la valeur des marnes et du sable vif est le carbonate de chaux qu'ils renferment. La chaux est donc le plus énergique des amendements, et son action ne se borne pas à réchauffer les terres; elle les divise et les assainit; elle donne en même temps la mort aux mauvaises plantes et aux insectes destructeurs; de plus, enfin, elle a la précieuse propriété d'assurer la bonne qualité des grains.

Le chaulage réussit admirablement sur les terrains consistants argilo-sableux et même sablo-argileux lorsque le sable ne domine pas avec excès; il convient aussi aux terres humides, mais il est à peu près sans résultat sur les terres légères, et nul sur nos terres maigres, usées; le chaulage échoue généralement sur les terrains purs lanifs, ou il les féconde très incomplètement.

Appliqué convenablement, le chaulage enrichit le sol pour un assez bon nombre d'années puisqu'il est susceptible de durer vingt ans; mais pour qu'il réalise les avantages qu'il promet, il ne suffit pas que le terrain lui soit favorable, il faut encore qu'il soit exécuté avec toute l'intelligence et les soins nécessaires. La plupart des cultivateurs qui pratiquent ce mode d'amendement autour de nous ont l'habitude de distribuer la chaux sur leur champ par tas d'*une charge* après le dernier labour de préparation, et ils l'abandonnent ensuite souvent pendant des mois entiers sans protection contre les pluies qui

surviennent ordinairement vers l'arrière-saison.
Il suffit d'exposer cette pratique pour en montrer
l'incurie et les dangers, car il est évident pour
tous que si la chaux ainsi abandonnée est surprise par des pluies et par des pluies de plusieurs jours, elle se détrempe et qu'en se détrempant, non-seulement elle perd de sa chaleur et de son degré d'action, mais que réduite
à l'état de pâte, elle se répand mal sur le champ
si toutefois encore elle peut être répandue. Un
chaulage fait dans de pareilles conditions est nul
ou à peu près nul.

Cette manière d'opérer expose donc à un préjudice trop grave et trop certain pour ne pas
appeler l'introduction d'une méthode plus pru-
dente et en tous points mieux entendue. Il y
a dans l'opération du chaulage une condition
première, indispensable à remplir, la condition
de conserver à la chaux toutes ses qualités, et
cette condition, comme on va le voir, est facile
à remplir. Lorsque la chaux est distribuée dans
le champ comme il a été dit plus haut, au lieu de
l'abandonner en plein air pour la faire déli-
ter, on doit, au contraire, au fur et à mesure
des dépôts, recouvrir soigneusement les tas
avec les terres des côtés. Pour que cette protection soit pleinement efficace, il faut, en outre,
donner à chaque tas la forme d'un prisme renversé semblable aux tas de pierre approvisionnés
le long des routes, et masser les faces de ces
prismes à la pelle, afin que l'eau pluviale y pénètre le moins possible. Enfin, pour mettre la

chaux en contact avec l'air extérieur et en accé-
lérer la complète délitation, on doit avec le beau
temps ouvrir les tas dans la partie supérieure et
les refermer soigneusement le soir lorsque la
pluie menace. Par ces diverses opérations, que
la prudence inspire et commande, on assure à la
chaux un abri à peu près impénétrable contre
les pluies et l'humidité et on lui conserve infailliblement toutes ses qualités actives. Et lorsque
vient le moment de l'emploi, elle se trouve parfaitement délitée, elle se répand avec toute la
facilité désirable, et elle arrive au sol dans les
meilleures conditions. Il ne faut pas perdre de
vue qu'elle doit être recouverte par le labour au
fur et à mesure qu'on la répand sur le terrain.

D'après les usages de nos contrées, fondés sur
l'expérience, il est démontré que pour amender
un champ cultivé depuis longtemps, il faut dix
charges de chaux par hectare ou dix mètres cubes.
La charge pouvant être évaluée moyennement à
quinze francs rendue pour nous sur les lieux, il
en résulte que le chaulage d'un hectare de terre
coûte cent cinquante francs. La perspective des
bons résultats que cette réparation prépare est
sans doute bien encourageante; mais si l'on considère l'élévation de la dépense lorsqu'il s'agit
de réparer une propriété d'une assez grande
étendue, on conçoit qu'une pareille avance faite
au champ est très onéreuse, et qu'il n'est pas
étonnant qu'on chaule peu. Je comprends qu'un
propriétaire qui travaille lui-même son bien
fasse de semblables sacrifices; mais quand le

bien est en métairie, quand il est cultivé à moitié fruits, je ne comprendrais pas qu'il se jetât dans une pareille dépense, dans une dépense que l'augmentation de sa part de récolte ne lui rendrait vraisemblablement jamais.

Du Plâtre, des Cendres et de la Suie.

Le plâtre, les cendres de bois et la suie exercent sur les terres une grande puissance de fécondité; néanmoins, je n'en parlerai ici que pour mémoire, attendu que la cherté du plâtre et la rareté des cendres et de la suie ne permettent pas qu'on en fasse usage en grand dans nos campagnes. Je me borne donc à signaler l'énergie de leur action comme amendement, afin que les cultivateurs qui habitent les environs des carrières de plâtre, ou des grandes villes pour les cendres et la suie, en fassent leur profit. J'en montrerai cependant l'emploi facile pour tous dans quelques cas particuliers dont j'aurai à m'occuper plus tard.

Du Terrage.

Pratiqué comme il doit l'être, le terrage est un excellent moyen d'entretien et même de réparation, car il est rationnel de rendre à la pièce de champ les terres que les eaux pluviales lui enlèvent; mais pour qu'il soit une réparation, un amendement, le terrage demande d'autres conditions que celles que la plupart de nos cultivateurs y attachent. Tout le monde comprend en effet que pour que le terrage, pris comme

réparation ou amendement, soit un bon travail,
il faut que les terres transportées soient de bonne
qualité, c'est-à-dire aussi riches que possible en
humus, mais tout au moins d'une qualité évidemment supérieure à la terre du champ. S'il
en est autrement, il n'est plus qu'une dépense
onéreuse, sans résultat. Cette pensée se présente
rarement chez nos cultivateurs, et demandez,
par exemple, au métayer pourquoi *il terre*, il
vous répondra naïvement que c'est pour *faire du*
fonds; mais prétendre faire du fonds par le terrage, en distançant les tombereaux comme on
les distance, est une vraie dérision, car je pose
en fait qu'on n'augmente pas l'épaisseur de la
couche arable d'un quart ou d'une demi-ligne.
Et qu'est-ce donc qu'une demi-ligne de profondeur de plus ou de moins pour provoquer, pour
pousser à une bonne récolte ?

Il y a aussi des cultivateurs qui fondent de
grandes espérances sur le terrage, lorsque les
terres transportées sont des *terres neuves.* J'apprécie les terres neuves ou vierges, et je crois
qu'elles sont susceptibles d'améliorer très sensiblement le sol; mais, pour qu'elles produisent
un bon effet, la première nécessité est qu'elles
soient de bonne nature.

Que l'on ne pense pas, d'après ce qui précède,
que j'exclus le terrage d'une manière absolue;
cette exclusion n'est point en moi, mais je crois
devoir appeler l'attention sur ces transports de
terre sans valeur, exécutés à grands frais de
temps ou d'argent et sans profit pour la pro-

priété; je dis plus, parfois même compromettants
pour le champ. Je désire faire bien comprendre
qu'un terrage ne peut exercer aucune influence
avantageuse que lorsque les terres transportées
sont d'une qualité supérieure ou, tout au moins,
égale aux terres en réparation. Je me hâte cependant de distinguer le cas particulier où le
terrage a pour but de reconstruire le sol arable
sur les points élevés ou en côte que les eaux
ou le temps ont dénudés. Là, j'accepte toutes
les qualités de terre indistinctement, puisqu'il
faut refaire le sol; mais, après un pareil terrage,
il est indispensable d'animer ces terres par les
amendements et les engrais.

Le terrage ne peut être considéré comme un
amendement que par l'humus qu'il apporte au
sol, et ainsi les terres employées au terrage doivent être je dirai presque un engrais. Cet humus, cet engrais n'existant que dans des terres
de choix, c'est donc dans les terres de choix
qu'il faut le chercher; ou il faut le créer dans
toute espèce de terres par des combinaisons in-
telligentes.

L'expérience a démontré que les terres s'améliorent par l'empilement; qu'elles mûrissent, ou,
comme on dit vulgairement, qu'elles pourrissent.
Ce fait demeurant constant et accepté, lorsque le
cultivateur veut effectuer un terrage, son premier soin doit être de chercher autour de lui les
terres qui lui assurent le plus de chances de succès; et ainsi les terres gazonnées, les terres des
bois, les terres des étangs sollicitent particuliè-

rement son choix. Elles le sollicitent, d'abord
parce qu'elles se sont déjà enrichies depuis longtemps par le détritus annuel de la matière végétale, et qu'ensuite, par la décomposition des
gramens et autres plantes qui les recouvrent au
moment de la mise en pile, elles assurent une
quantité d'humus suffisante pour féconder notablement le champ. Une année d'empilement
suffit.

Mais je veux aller plus loin, et, sans m'arrêter
à la qualité native des terres, j'ose avancer que
toutes peuvent être améliorées par le travail de
l'homme et employées efficacement à la fécondation du sol. Je prends la terre de lande avec
son inertie bien connue : après avoir fait une
couche d'un pied de haut de cette terre, j'y superpose une couche d'un pied de *soutrage* en
ajonc, fougère, ou tous autres produits végétaux
quelconques provenant du nettoiement des pièces, fossés ou haies de clôture; je couvre ce
soutrage d'une couche de terre de même épaisseur que la première; j'ajoute une couche de
soutrage, et successivement jusqu'à une hauteur
de six pieds. Pour assurer et hâter la parfaite
décomposition de la matière végétale, il faut que
les couches de terre soient fortement piétinées
au fur et à mesure de la superposition; il faut,
en outre, que les flancs du tas soient soigneusement regarnis, afin que le soutrage soit mis à
l'abri du contact trop immédiat de l'air. Le tas
ainsi établi, le travail de la décomposition s'opère
par l'action atmosphérique, et, après quinze à

dix-huit mois d'empilement, les couches végétales sont parfaitement décomposées, les terres
ont mûri, et le mélange des couches par le re-
coupage donne une espèce de terreau parfait
pour le champ et précieux pour la vigne.

Plus le tas sera élevé proportionnellement aux
dimensions de sa base, plus la décomposition
du soutrage sera prompte et complète.

Je dirai, en finissant, que les terres descen-
dues au bas du champ par suite de l'action des
eaux pluviales doivent être restituées toujours
aux points culminants de la pièce, excepté dans
le cas d'un ravinage à combler. Je dirai encore
que lorsque ces mêmes points culminants demandent de forts terrages pour arriver à la profondeur du sol arable, il est plus rationnel de
défoncer à la charrue que de terrer, sauf à améliorer ensuite par les amendements et les engrais.

Coup d'œil rétrospectif sur les terres et les amendements.

Nous venons d'étudier les différentes qualités
du sol arable, ainsi que les amendements divers
qui s'appliquent à son amélioration, et, je me
plais à le répéter, il résulte de leur rapprochement, comme je l'ai dit dans l'introduction, que
Dieu, dans sa sollicitude infinie pour l'homme,
a placé abondamment sous sa main tous les
moyens de fécondation que réclame la terre qu'il
est condamné à arroser de ses sueurs. Il devient
évident aussi, par ce seul rapprochement,

qu'avec du travail et de l'intelligence il ne peut pas y avoir de terres stériles; et qu'avec du travail et de l'intelligence la voie du progrès agricole, d'un progrès relatif mais toujours fécond en bien-être, est ouverte largement pour tous.

Quoique tous les amendements dont nous venons de parler portent en eux-mêmes des principes de fertilisation, il ne s'ensuit pas qu'ils s'appliquent avec le même succès à toutes les qualités du sol indistinctement. Destinés à agir d'une manière mécanique en même temps que physique ou chimique, ils ont pour mission, selon les besoins, de réchauffer, d'assainir, d'ameublir ou de lier les terres, et il en résulte dès lors que le succès parfait d'une réparation dépend du choix de l'amendement qui va le plus droit aux nécessités du terrain à amender.

Ainsi, d'après ce principe dont la vérité pratique est incontestable :

Aux terres argileuses, la chaux, et, à défaut de chaux, le sable vif qui réchauffe et divise.

Aux terres basses et humides, la chaux et le sable vif qui assainissent.

Aux terres légères accidentées, la marne qui lie et active.

Aux terres sableuses et siliceuses, la marne qui lie et donne la consistance.

Aux boulbènes de consistance moyenne et en plaine, le sable vif ou la chaux.

Aux boulbènes accidentées de consistance moyenne, la marne douce ou le sable gras.

Aux terres lanives sans adhérence, la marne.

Aux terres lànives de consistance moyenne, le sable vif ou le sable gras, selon qu'elles sont plus ou moins maigres.

Aux terres apauvries, dénudées, le terrage d'abord et puis le sable vif.

Cette indication par rapprochement suffit pour faire reconnaître que, par le choix bien entendu de l'amendement, le cultivateur peut à volonté satisfaire en même temps à tous les besoins de son sol, et que, par cette satisfaction, il prépare du premier jet l'ensemble des résultats que sollicite son travail.

Je consigne ici en finissant, et pour dire un dernier mot sur le sable, que quoiqu'il paraisse rationnellement exclu en certains cas par la nature et la situation des terres, néanmoins il opère merveilleusement partout; seulement, il demande un labour profond, lorsqu'il est employé sur un sol léger et accidenté en même temps.

Cette observation nous servira de premier jalon, lorsque nous aborderons la question du labourage.

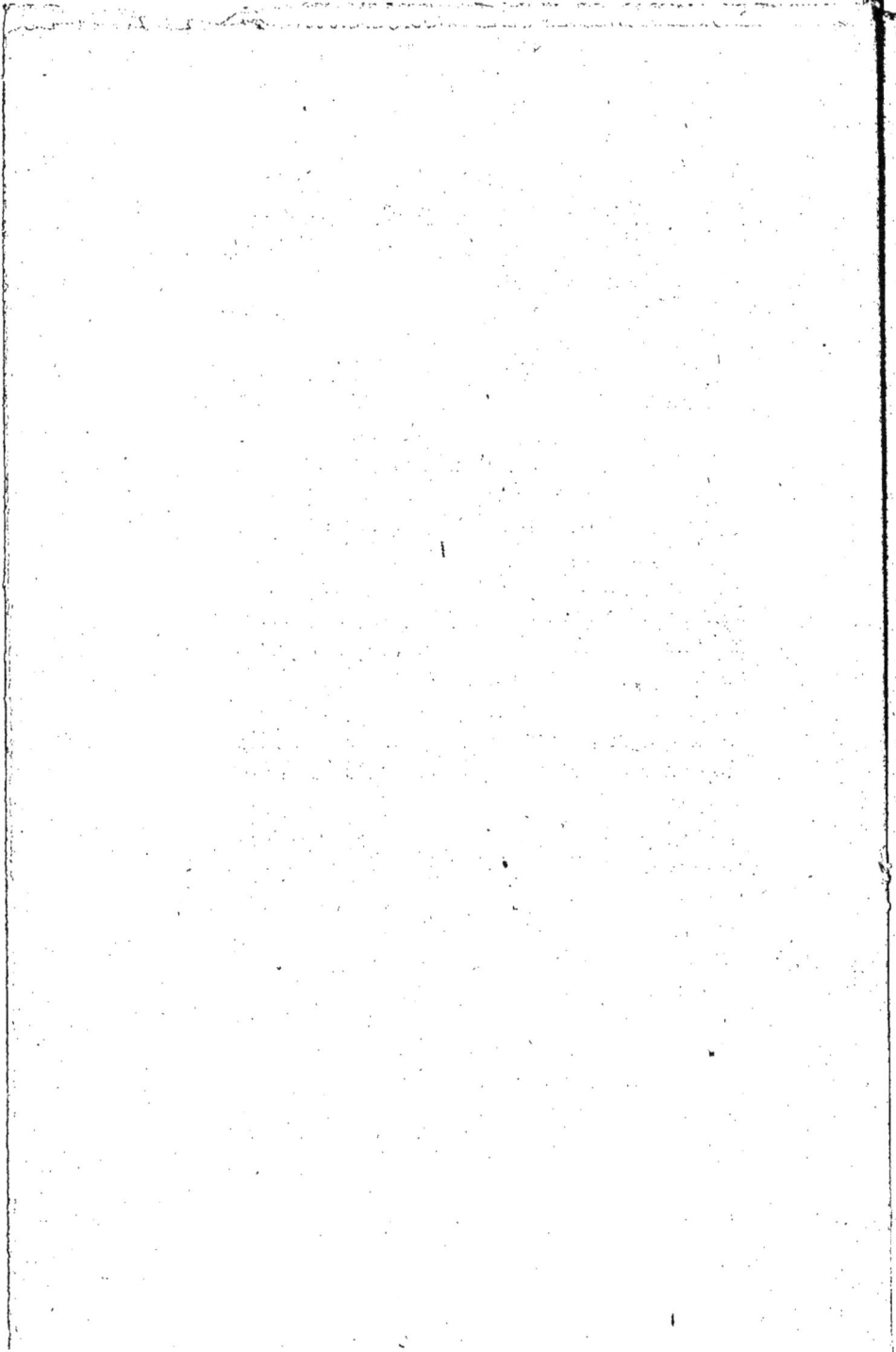

CHAPITRE V.

Des Engrais.

Nous venons de voir les nombreux et puissants moyens de fertilisation dont l'homme dispose pour l'amélioration de la terre qu'il cultive; nous avons mis en lumière les divers genres d'action qu'exercent sur le sol arable la marne, le sable, la chaux, etc , etc., ainsi que les harmonies qui existent entre ces agents et les besoins des terrains en culture. Néanmoins, il faut bien le dire, l'action de ces amendements, quoique vivifiante à un haut degré, serait encore fort incomplète et préparerait de graves mécomptes si elle n'était soutenue par le concours simultané du fumier. Du reste, la nécessité de ce concours est si réelle et si évidemment démontrée par l'expérience qu'il n'est pas un cultivateur qui ignore, qui ne sache par lui-même qu'un champ, fût-il fraîchement et convenablement marné ou sablé, ne donne sans fumier qu'une médiocre récolte, tandis qu'un marnage ou un sablage, soutenu qu'il soit par une bonne fumure, assure toujours les récoltes les plus satisfaisantes. L'in-

fluence des engrais sur la végétation est si prodigieuse que nos paysans appellent le fumier *la
clé du pain*, mots simples, mais expressifs, qui
proclament plus haut que les brillantes disser-
tations de la science l'immense rôle des engrais
en agriculture. Remarquons, du reste, que cette
opinion est parfaitement d'accord en tous points
avec les révélations faites par l'analyse chimique des terres; car cette analyse nous apprend,
comme nous l'avons vu au chapitre 1er, que, si
le sol riche renferme 1|10e d'humus, le sol mau-
vais en est entièrement dépourvu. Ainsi, pénétrons-nous bien de cette vérité démontrée : que
c'est l'humus qui fait la richesse essentielle
des terres; mais, je le répète, qu'est-ce que
l'humus, sinon le fumier? C'est donc le fumier
qui enrichit et féconde le champ, et qui assure
de bonnes récoltes.

Nous allons étudier les fumiers du pays dans les
causes de leur impuissance; nous signalerons, à
ce sujet, l'imperfection de nos parcs et le vice
de nos pratiques, et nous montrerons les moyens
qui paraissent propres non-seulement à assurer
l'amélioration des engrais mais encore à en augmenter les quantités d'une manière notable et,
j'ose le dire, avec peu de travail.

Des Fumiers animaux.

Dans le nombre des engrais qui agissent le
plus puissamment sur le sol arable, les fumiers
animaux ou d'étable s'offrent avec leur supériorité incontestable; mais, pour que les fumiers

animaux réalisent les effets qu'ils promettent, il faut qu'ils portent pleinement en eux les principes fécondants qui leur sont propres; il faut qu'ils conservent jusqu'à l'emploi les substances soit grasses, soit alcalines qui constituent leur valeur; si ces substances leur manquent ou s'y trouvent en petite quantité, les fumiers n'apportent au sol que peu de vie et de fécondité.

Tous nos cultivateurs reconnaissent la puissance des bons fumiers sur nos terres; tous savent et comprennent que, sans le secours de bons fumiers, il n'y a rien de possible pour nous en particulier; et cependant, par une indifférence que je ne veux pas qualifier, il n'en est pas un qui songe à améliorer leur mode de confection dans nos parcs, ni à assurer la conservation de leurs qualités. Nos terres sont maigres, elles sont pauvres, tout le monde le dit et s'en plaint. Nos terres ne sont pas nativement aussi mauvaises qu'on le dit; mais, pour produire, elles ont besoin plus que d'autres d'être servies par de bonnes et d'abondantes fumures. Et, qu'on n'en doute pas, c'est à la médiocrité et à l'insuffisance de nos fumiers que nous devons en grande partie la médiocrité du rendement. Comme il importe essentiellement de fixer l'attention sur ce point capital de notre agriculture, je veux examiner successivement les causes pratiques qui amènent la détérioration de nos fumiers; développer les moyens qui paraissent propres à leur assurer le plus possible leurs qualités fertilisantes, et indiquer ceux qui peuvent conduire à augmenter sensiblement les quantités.

La première cause de la mauvaise qualité de nos fumiers tient au système de nos parcs. En jetant un simple coup d'œil sur leur plan de construction et de distribution, il est facile de reconnaître qu'ils doivent, en effet, influer d'une manière désastreuse sur la qualité des engrais. Nos parcs sont à ciel ouvert, si l'on en excepte un pourtour en auvent, où l'on pratique tant bien que mal des étables pour le gros et le menu bétail; ils sont plus ou moins vastes, selon que l'exploitation a plus ou moins d'animaux; enfin, la concavité de leur surface, qui a pour but d'y entretenir l'humidité pour faire décomposer la litière, en fait souvent de véritables cloaques pour peu que les soins d'entretien viennent à leur manquer.

Voilà pour le local. Viennent maintenant nos pratiques pour la confection des fumiers. L'ajonc, vulgairement désigné sous le nom de *thuie*, est la base de nos fumiers; c'est de la thuie que nous donnons en litière, et je le dirai en passant, cette litière a du prix. D'abord elle est parfaite pour les animaux parce qu'elle les tient chaudement en hiver, et que donnée avec une certaine épaisseur elle les protége contre l'humidité de leurs déjections liquides; de plus, elle se décompose assez complète- ment lorsqu'elle est coupée à l'âge de trois ou quatre ans, et fournit une grande masse d'engrais végétal. Lors donc que l'on fait la li- tière, on étend dans l'intérieur du parc une couche de thuie, et, pour renouveler ce travail moins souvent, on donne à la couche une épaisseur qui s'élève parfois jusqu'à la hauteur du genou de l'ouvrier. Lorsque cette première couche paraît suffisamment broyée par le piétinement des bestiaux, on fait une seconde litière générale par une couche de thuie toujours de même épaisseur, en intercalant entre chaque couche ainsi superposée les fumiers extraits des étables. On procède ainsi successivement pendant toute l'année.

Avec des points de départ aussi peu raisonnés, aussi mal entendus, il devient inutile de recourir à l'emploi des preuves pour démontrer, même au cultivateur le plus passionné pour les vieilles pratiques, qu'exposés, comme ils le sont, durant toute une année, et aux pluies incessantes de la mauvaise saison et aux longues et brûlantes chaleurs de l'été, nos fumiers doivent perdre par le lavage et l'évaporation la plus grande partie de leurs qualités essentielles; il est aussi facile de comprendre, en outre, qu'en donnant aux couches de la litière une épaisseur exagérée, la thuie qui est ligneuse plus ou moins et, par conséquent, plus ou moins difficile à se décomposer, résiste et ne pourrit qu'imparfaitement; et de là nécessairement des fumiers consommés à demi.

Mais il y a plus encore. Comme nos parcs sont à ciel ouvert, ils reçoivent les eaux pluviales en surabondance, et pour éviter qu'ils ne dégénèrent en véritables cloaques, comme je l'ai dit

plus haut, on est forcé d'y pratiquer un trop-
plein par lequel les eaux en s'écoulant entraînent
au dehors les substances les plus précieuses de
l'engrais. La perte de ces substances est si réelle
et si regrettable qu'il n'y a pas un cultivateur
qui ne sache que le liquide qui s'échappe par le
trop-plein, et que l'on nomme dans le pays
l'*écherc du parc*, a la saveur de l'urine des animaux en même temps qu'il offre à sa surface,
partout où il stagne, une couche de matières
grasses, souvent très épaisse. D'ailleurs, qui
ignore aussi que dans les rigoles de dégorgement
qu'il parcourt et les points sur lesquels il est
dirigé, il provoque toujours la végétation la plus
luxuriante?

Si les pluies de la mauvaise saison compromettent la qualité de nos fumiers, les longues
et brûlantes chaleurs de l'été ne leur sont pas
moins préjudiciables. Nos parcs étant à ciel ouvert, quel abri, je le demande, peuvent-ils offrir
à l'engrais? Où est l'ombre qui le protége, où
est l'ombre qui entretient le degré de fraîcheur
nécessaire à la fermentation? Nos fumiers restent
donc exposés sans défense durant tout l'été à
l'action de nos chaleurs souvent tropicales; la
couche en est desséchée, calcinée dans toute son
épaisseur; et ainsi les sels ammoniacaux se vola-
tilisent en masse, les gaz azotés se dégagent, et
avec eux la partie stimulante et fertilisante de
l'engrais.

Enfin, le mal ne s'arrête pas encore là pour les
contrées où la thuie est la seule litière donnée

au bétail, et non-seulement nos parcs et nos pratiques compromettent la qualité des fumiers, mais ils en compromettent aussi la quantité. La thuie est de nature ligneuse; elle est plus ou moins dure, selon qu'on la coupe plus ou moins vieille; et plus elle est dure, plus sa décomposition s'obtient difficilement. Pour nous, cette décomposition est et doit être forcément à peu près toujours incomplète, car la décomposition étant le résultat de la fermentation, la fermentation ne saurait s'établir dans nos parcs au degré constamment convenable, puisque, d'un côté, nos fumiers sont noyés durant toute la mauvaise saison, et que, de l'autre, ils passent dans certaines années les deux, les trois mois de l'été sans recevoir une goutte d'eau.

Je viens d'exposer avec détail l'influence funeste qu'exercent sur nos fumiers et le système de nos parcs et notre mode de confection; maintenant, je signalerai une autre cause de détérioration qui résulte de nos usages. Les cultivateurs curent leur parc à la fin d'août, et ils mettent le fumier en tas dans la basse-cour de l'habitation; ce tas a ordinairement peu d'élévation, proportionnellement aux dimensions de sa base. Ils donnent ce peu d'élévation à la pile parce qu'ils sont convaincus que plus le fumier se mouille en tas, plus il se fait bien. Je n'entends blâmer ni l'extraction, ni la mise en tas des fumiers. J'approuve, au contraire, pleinement cette opération dans son principe, parce qu'elle a pour résultat immédiat de mélanger

3

leurs différentes qualités et que ce mélange est avantageux. Mais, ce que je n'approuve pas, c'est l'extraction et la mise en tas, telles qu'on les pratique, car, en entassant ainsi l'engrais en plein air, sans épaisseur, sans fosse et sans abri, il est évident qu'on vient l'exposer encore à l'action des chaleurs et des pluies de l'arrière-saison, et que ces pluies et ces chaleurs lui enlèvent à leur tour une part des qualités qui lui restaient encore.

Je termine, enfin, en signalant une troisième cause qui, réunie à celles qui précèdent, porte le dernier coup à nos fumiers. Nous transportons nos fumiers dans les champs lorsque les terres ont reçu le dernier labour de division, à peu près dans les premiers jours d'octobre; le fumier est réparti sur le terrain en petits tas appelés *moundouils*, de vingt à trente pouces de diamètre à la base. Si l'arrière-saison est belle, et le mois d'octobre est souvent très chaud dans nos départements, il résulte de cette pratique que les *moundouils* restant sur le champ pendant quinze jours, trois semaines et quelquefois un mois avant l'ensemencement, les fumiers sont tout d'abord desséchés, et qu'en se desséchant ils perdent par la volatilisation et l'évaporation le reste de leurs qualités. Si, au contraire, des pluies de plusieurs jours les surprennent ainsi disposés sur le champ, ces pluies les noient, les lavent, les refroidissent, et les eaux emportent leur dernière force d'action.

Maintenant que j'ai exposé les graves incon-

vénients qui naissent forcément, soit du système
de nos parcs, soit de nos pratiques et de nos
usages à l'égard des fumiers, je ferai connaître
les moyens qui paraissent propres, je ne dirai
pas à remédier pleinement au mal, mais, du
moins, à l'atténuer le plus possible. Et d'abord,
pour ce qui est de nos parcs, que l'on ne pense
pas que je propose de les remplacer par des
parcs construits d'après un système mieux entendu; bien que ce changement de dispositions
fût un progrès précieux et désirable, je reconnais qu'il ne saurait être entrepris sans de fortes
dépenses, et ces dépenses ne sont pas à la portée
de tous les propriétaires. Nous laisserons donc
subsister le système, sauf à l'améliorer, et à
l'améliorer avec le moins de frais possibles.
Comme il est facile d'en juger, le premier besoin
pour nous, le besoin impérieux est de préserver
nos fumiers de cette grande abondance d'eau
qui les inonde pendant six mois de l'année et
qui nuit si fondamentalement à leurs qualités.
Les moyens à employer pour atteindre ce but
se présentent si naturellement qu'il est presque
oiseux de les indiquer, car on saisit d'avance
qu'en établissant de simples dalots en bois autour de la toiture intérieure des parcs, on reçoit
toutes les eaux des gouttières et qu'on les rejette
au dehors. Cette mesure est sans frais, comme
on le voit; mais elle va droit à la cause, et,
dans l'état actuel des parcs, elle réaliserait
une amélioration notable puisqu'elle préser-
verait les fumiers d'une forte part des eaux

qui les inondent et les énervent. Et qu'on veuille
bien remarquer que l'existence de ces dalots ne
compromet en rien l'arrosement facultatif des
parcs, s'il devient nécessaire pendant l'été, car
il suffit d'en fermer les bouts extérieurs pour
rejeter à volonté toute l'eau pluviale au-dedans.

Les fumiers ainsi protégés contre l'inondation,
reste à aviser aux moyens d'y fixer les substances qui en font la valeur. Nous avons vu tout à
l'heure que la litière des parcs se fait par couches, et qu'entre chaque couche de litière on
place ordinairement les fumiers extraits des
étables pendant la quinzaine ou le mois. Comme
les déjections animales constituent les qualités
essentielles de l'engrais, si nous voulons avoir
de bons engrais, il est clair que notre premier
besoin est de nous emparer de ces déjections,
de les retenir et de les fixer dans la masse. Pour
arriver à ce résultat, je ne saurais voir de moyen
plus direct et plus sûr que d'intercaler entre
chaque couche de litière et de fumier une couche de deux ou trois pouces de marne, et mieux
encore de sable vif; à défaut de marne et de sable, une couche peu épaisse de terre gazonnée.
Par cette intercalation successive, qui, * dans
aucun cas, ne peut nuire à la qualité du fumier,
on introduira dans sa composition un agent qui
absorbera et retiendra les substances essentielles, un agent qui absorbera et retiendra une
grande quantité d'eau avant d'en être saturé, et
qui, par son état d'absorption, remplira le double but, et de diminuer les pertes du trop-plein,

et de conserver toujours assez de fraîcheur pour disposer favorablement la masse à la fermentation durant les grandes et longues chaleurs de l'été. Il demeure entendu que la couche de marne ou de sable sera placée immédiatement au-dessus de la couche de litière déjà broyée par le piétinement des animaux; que le fumier extrait des étables sera répandu immédiatement sur la couche de marne; et qu'enfin le fumier sera recouvert d'une couche de thuie de quatre ou cinq pouces d'épaisseur seulement, afin qu'elle soit facilement broyée et décomposée avec toute la perfection possible. Pour mieux me faire comprendre, je veux répéter l'ordre des couches, qui seront ainsi réglées : après l'enlèvement des fumiers et le nettoiement du parc, couvrir la surface d'une bonne couche de marne ou de sable vif, comme base de l'engrais, et étendre la première couche de thuie assez épaisse pour que le bétail y soit bien. Lorsque cette couche est suffisamment broyée et décomposée, la couvrir d'une couche de marne ou de sable, comme il a été dit plus haut, y répandre le fumier et recouvrir le tout d'une couche de thuie de quatre ou cinq pouces d'épaisseur, et ainsi successivement toute l'année. Il est important de répandre les fumiers immédiatement sur la couche de marne ou de sable, par la raison bien simple que, lorsqu'ils viennent à être détrempés par la pluie, leurs substances fertilisantes vont s'incorporer d'elles-mêmes à la couche de marne ou de sable sur laquelle ils reposent immédiatement, et elles n'en sortent plus.

Dans le cas où les grandes chaleurs seraient de trop longue durée, il conviendra de pratiquer dans le parc, avec de l'eau des mares, des arrosements assez abondants pour pousser incessamment à la fermentation. Ces arrosements, pratiqués de huit jours en huit jours, n'exigent pas un grand sacrifice de temps, et sont susceptibles de produire le plus grand bien, tant pour la qualité que pour la quantité des fumiers.

On objectera peut-être que ce mélange de marne ou de sable vif ou gras dans la composition du fumier en altèrera la qualité, ou que, tout au moins, il en rendra l'extraction plus pénible. Pour ce qui est de l'altération du fumier, non-seulement elle n'est pas à craindre par l'incorporation de la marne ou du sable calcaire, mais, je dis plus, les fumiers ne peuvent qu'y gagner en qualité, car non-seulement la marne ou le sable absorberont et retiendront dans la masse les substances essentielles des déjections animales, mais encore ils concourront par le principe calcaire qu'ils portent en eux à donner à l'engrais un degré relatif et proportionnel de vigueur de plus. Quant à l'extraction, je veux admettre qu'elle sera tant soit peu plus pénible; mais, en présence d'une amélioration aussi féconde, qui oserait, je le demande, reculer devant un peu plus de travail et un peu plus de fatigue ?

J'ai dit plus haut que, d'après les usages du

pays, nos cultivateurs curent leur parc vers la fin d'août; qu'ils entassent leurs fumiers dans la basse-cour de l'habitation en plein air, sans abri et sans protection contre les influences atmosphériques; et qu'enfin ils les entassent sur des bases si mal entendues que la qualité ne peut qu'en souffrir. Pour faire cesser les graves préjudices que ces usages portent à nos engrais, je propose la méthode et les pratiques suivantes:

1° Creuser derrière l'habitation, vis-à-vis et à deux mètres environ du mur postérieur du parc, une fosse de deux ou trois pieds de profondeur, sur une base suffisante pour recevoir les fumiers d'une année, entassés sur six pieds au moins de hauteur. Cette fosse sera disposée de manière à prévenir la perte des sucs par l'infiltration; un fond de glaise bien battue suffira à cet effet. Elle devra, en outre, être protégée contre l'envahissement des eaux extérieures;

2° Dans le cas où la fosse ne sera pas recouverte en tuile ou chaume, élever à l'ouest et au midi, et perpendiculairement à ses berges, un tertre gazonné, de cinq pieds de hauteur à peu près, contre lequel les fumiers seront adossés et abrités;

3° Ouvrir entre la fosse et le parc et dans la direction du trop-plein un réservoir de forme cylindrique d'une capacité de six hectolitres environ pour recevoir le purin; ce réservoir sera couvert et servira de latrines aux personnes de la maison; on y déposera, en outre, les cendres lessivées, les suies, et, en un mot, tout ce qui sera propre à donner de la qualité au liquide;

4° Pratiquer dans le mur postérieur du parc et droit au centre de la fosse un large portail à deux battants pour le transport en civière des fumiers au dehors.

Lorsque ces dispositions seront prises, et on voit que leur mise à exécution ne demande pas de grands frais, on déposera les fumiers dans la fosse à l'époque de l'extraction; au fur et à mesure de la formation des couches qui seront d'un pied et fortement tassées par le piétinement de l'ouvrier, on arrosera, *sans inonder*, chaque couche avec le liquide du réservoir; ce liquide devra être constamment bien remué afin d'assurer le parfait mélange des matières. Dans les contrées où la chaux est commune ou à un prix modéré, on enjettera dans le réservoir et selon la proportion d'un quart d'hectolitre pour trois hectolitres d'eau. Le concours de la chaux ajoutera un degré notable d'activité au liquide pour pousser à la fermentation de la masse. Chaque couche de fumier sera donc accompagnée d'un arrosement léger, mais suffisant pour l'humecter convenablement. Pour assurer le succès de l'opération, il sera essentiel que la base des couches soit calculée de manière que le tas s'élève dans la fosse à six pieds de hauteur au moins, car plus le tas sera élevé, plus il y aura de poids; plus il y aura de poids, plus la fermentation s'établira vigoureusement et activement pour la décomposition parfaite de la litière. Lorsque le tas sera achevé, on le couvrira aussitôt d'une couche de bonne terre pour le protéger contre l'action directe des chaleurs et des pluies, et prévenir ainsi les effets du lavage et de l'évaporation. De quinzaine en quinzaine jusqu'au moment de l'emploi, on arrosera toujours avec le liquide du réservoir qu'on alimentera au besoin avec l'eau des lessives, et, à défaut, avec l'eau bourbeuse des mares bonifiée par une certaine quantité de cendres vives, de chaux et de déjections animales; on opèrera ces arrosements en pratiquant à la partie supérieure des tas et sur des points divers des trous au moyen d'un pieu de deux pouces de diamètre, trous de différentes profondeurs afin de porter le liquide sur toutes les parties du tas. Ces trous devront être tout aussitôt refermés avec soin afin que la fermentation ne soit pas interrompue.

Par cette simple manipulation, qui ajoute bien peu de travail au travail ordinaire de l'extraction, on restituera au fumier le purin perdu par le trop-plein, on le lui restituera, renforcé par le produit des latrines domestiques, par l'incorporation d'une quantité de cendres, de chaux, etc., etc., et il suffit de signaler ces diverses substances pour qu'il soit inutile de dire jusqu'à quel point les arrosements indiqués devront augmenter la puissance de l'engrais.

Il me reste à faire connaître les dernières précautions à prendre pour assurer jusqu'au dernier moment la conservation des fumiers. J'ai déjà dit combien était vicieuse et compromettante notre manière de disposer les fumiers sur le champ, et l'influence fâcheuse que cette pratique ne peut manquer d'exercer sur nos récoltes. Pour rompre encore avec le passé sur ce point, il faut que les cultivateurs comprennent bien que plus le fumier reste en petits tas sur le champ, plus il perd de ses qualités, et qu'ainsi il est indispensable de le recouvrir par un labour au fur et à mesure du transport sur le champ. En d'autres termes, il faut enfouir le soir ce qui a été transporté le matin; alors il n'y a pas d'altération à craindre, et le sol reçoit les fumiers dans la plénitude de leurs qualités.

Je dirai plus tard l'époque à laquelle les fumiers doivent être transportés et comment on doit les enfouir.

Des Engrais végétaux.

J'appelle engrais végétal ces engrais ou mieux ces terreaux que l'on fabrique dans le pays en étendant de la thuie, soit dans la basse-cour de l'habitation rurale, soit sur les chemins d'abordage. Rouagée par l'aller et venir des gens, des bestiaux et des charrettes d'exploitation, cette thuie se décompose à la longue, et le résidu mis en tas vers le milieu de l'hiver fournit une espèce de fumier qui s'applique avec assez d'avantage aux besoins du maïs, et produit de très bons effets au pied de la vigne. Bien que cet engrais soit peu ou ne soit point animalisé, il n'est pas cependant sans qualité par le fait seul qu'il provient du détritus de la matière végétale, et il apporte au sol une quantité assez notable d'humus.

Dans la pénurie de bons fumiers où nous nous trouvons, et l'impossibilité d'en créer, d'en improviser en quantité nécessaire pour les besoins de nos terres, ce terreau peut rendre de grands services et préparer une ère meilleure. Nous devons donc en faire le plus possible, mais nous devons aussi chercher les moyens de l'améliorer en lui communiquant les qualités actives qui lui manquent. Les composts viennent s'offrir à nous pour réaliser ce précieux progrès, et leur place dans l'ordre du travail se trouve ainsi naturellement marquée à la suite de nos engrais dont ils sont le dernier terme de perfectionnement et de développement.

CHAPITRE VI.

———

Des Composts.

Le compost, dans l'acception agronomique de ce mot, est entièrement inconnu au milieu de nous; car je n'accorde pas ce nom au mélange de quelques charretées de terre avec quelques charretées de fumier pratiqué par quelques rares cultivateurs de nos contrées pour mettre au pied de la vigne. Cette pratique, je veux le dire en passant, m'a paru du reste toujours peu raisonnée quoiqu'elle réalise quelque bien. Le motif en est simple, c'est que les terres incorporées étant rarement des terres de choix, des terres de qualité supérieure, communiquent leur inertie aux fumiers qui leur sont adjoints, et qu'elles en diminuent forcément l'action alors qu'au contraire il faudrait l'augmenter. Mieux vaudrait selon moi le fumier pur au pied de la souche.

De tous les moyens d'amendement usités, le compost est par sa nature le plus puissant et le plus complet; car, produit par le mélange intelligent du fumier ou du terreau avec le calcaire, il apporte en même temps au sol et l'humus qui *l'engraisse*, et le principe stimulant qui le *réchauffe* et l'active. Tel est et tel doit être le compost pour enrichir les terres du degré de fertilité qui assure une bonne production.

Dans notre état actuel de choses, les landes nous offrent le concours le plus précieux ainsi que le plus facile pour introduire les composts dans notre agriculture. Par la quantité de thuie qu'elles donnent et surtout par celle qu'elles sont susceptibles de donner avec quelques soins de conservation, elles favorisent en effet la création de masses considérables de fumier et de terreau, et avec ce fumier et ce terreau, animés qu'ils soient par la chaux, par la marne ou le sable vif, nous pourrons à volonté multiplier les moyens de fécondation. Je dis à volonté, car par l'association des fumiers et des terreaux avec la marne ou le sable, nous disposerons quand nous le voudrons de cent charretées de compost par hectare et par an, et avec cent charretées de compost par hectare et par an, on comprendrait difficilement que le champ n'arrivât pas en peu de temps à donner régulièrement les récoltes les plus satisfaisantes. J'en excepte les terres totalement perdues connues vulgairement sous le nom de *bouzigues* qui exigent une réparation pleine et entière. En résumé, comme moyen d'entretien sur des terres de moyenne fertilité telles que sont à peu près toutes nos terres, le compost l'emporte dans mon opinion sur tous les modes employés autour de nous par la puissance de son action.

Je vais exposer les moyens à prendre pour la confection de diverses espèces de composts.

Des Composts de fumier et de chaux.

Lorsque nous avons traité du chaulage des terres, les sacrifices onéreux que demande ce moyen d'amendement nous ont conduits à reconnaître qu'il ne pouvait pas être à la portée de tous les propriétaires; le chaulage en effet exige de grandes dépenses. Mais s'il n'est pas donné aux cultivateurs peu aisés de l'employer directement sur leurs terres, s'ensuivra-t-il qu'ils devront renoncer absolument à la chaux? Non; il faut atténuer les difficultés en les tournant, et le compost s'offre pour résoudre la question de la manière la plus économique en même temps que la plus positive en bons résultats.

Et d'abord que sont nos terres et quels sont les moyens employés pour leur amélioration? nos terres sont généralement maigres et froides, nos fumiers sont à peu près inertes, et les travaux d'amendement exécutés chaque année sont forcément toujours inférieurs aux besoins. Voilà, si je ne me trompe, notre situation exacte. Or, avec des fumiers sans valeur et des marnages exécutés annuellement sur de très petites surfaces, il est évidemment impossible que nos champs arrivent aux qualités qui distinguent les bons terrains. Pour sortir de cette situation la plus défavorable qui puisse être faite à la propriété, nous devons donc substituer à notre manière actuelle de procéder un mode d'amende-

ment qui étende en même temps et annuellement les moyens de fertilisation à toutes les terres en culture sur le domaine; ce mode se
présente puissant dans le compost de chaux et
de fumier. Pour moi toute la question est dans
le plus ou moins de thuie qu'on fera pourrir
dans le parc ou ailleurs, car avec le concours de
la chaux il n'y a plus de fumiers inertes; et alors
plus on fera de fumier, plus on donnera abondamment à toute la sole et l'humus qui engraisse
les terres, et le calcaire pur qui les réchauffe si
énergiquement.

Pour confectionner le compost dont il s'agit,
nous prendrons donc les fumiers du parc avant
leur extraction. Après avoir fait une couche d'un
pied de ce fumier dans la fosse, nous y répandrons une couche de chaux d'un demi-pouce au
plus, mais préalablement bien délitée; sur cette
couche de chaux nous superposerons une seconde
couche de fumier que nous masserons par le
piétinement et que nous arroserons légèrement
ensuite avec le liquide du réservoir comme il est
dit au chapitre v. Nous répandrons immédiatement dessus une deuxième couche de chaux de
même épaisseur que la première; nous interca-
lerons ainsi les couches jusqu'à la fin de l'opération, en ayant le soin de les masser et de les arroser comme il vient d'être indiqué. Lorsque le
tas sera monté, nous le recouvrirons d'une couche de terre pour le protéger contre l'action des
pluies et des chaleurs, et dans tous les cas, pour
pousser à la fermentation. Afin d'assurer la fu-

sion de la chaux dans le fumier, nous renouvel-
lerons les arrosements de quinzaine en quinzaine si cela paraît nécessaire, et toujours so-
brement afin de ne pas *noyer* le fumier. Avec
un compost ainsi dosé, si je puis ainsi m'exprimer, nous donnerons au sol tous les ans un
vingt-quatrième de chaux, sur vingt-trois vingt-
quatrièmes de fumiers, et si nous confection-
nons cent vingt mètres cubes de compost, par
exemple, c'est une dépense de cinq mètres
cubes de chaux ou cinq charges que nous nous
nous imposerons pendant quelque temps pour
élever nos terres au degré le plus satisfaisant
de production. Je dis pendant quelque temps,
car lorsque nos trois soles auront reçu chacune
à son tour pour le froment une réparation de
compost de chaux, cette réparation ne reviendra ensuite que de six ans en six ans sur la même sole. Ces composts doivent d'ailleurs être
considérés comme moyen de transition à un
ordre meilleur de choses, car avec l'amélioration graduelle mais assez prompte qu'ils appor-
teront à nos champs, nous arriverons en assez
peu de temps à la culture productive des fourrages. Dans cette dernière hypothèse qui est la
conséquence directe et infaillible de l'introduction des composts dans nos pratiques agricoles,
les bestiaux étant bien entretenus et toujours
dans les étables, donneront des fumiers d'une
qualité supérieure, et avec ces fumiers nous
pourrons réduire l'emploi du calcaire toujours
si coûteux en temps et en argent.

Le compost de chaux doit être affecté à la sole à ensemencer en froment; il serait à craindre qu'il ne fût trop actif pour le maïs qui est une culture d'été. La chaux convient merveilleusement aux fumiers végétaux ou terreaux; on avait craint qu'elle ne nuisît aux fumiers de parc, lorsqu'ils sont animalisés jusqu'à un certain point, par la fermentation qu'elle y développe, et l'évaporation du gaz qui en est la suite. L'expérience a dissipé complètement ces craintes.

Compost de Marne ou de sable vif avec le fumier végétal ou terreau.

Nous venons de voir par quels moyens on confectionne le compost de chaux, et, par les seuls agents qui y contribuent, il est évident que ce mode d'amendement doit nécessairement agir sur les terres avec une puissance d'action refusée à tout autre mode. Cependant, quelqu'attrait qu'il puisse avoir par les résultats qu'il assure, il exige, il faut bien le reconnaître, des sacrifices devant lesquels peuvent encore reculer beaucoup de propriétaires peu aisés, là surtout où la chaux se vend à un prix élevé. Mais, comme je l'ai dit ailleurs, Dieu s'est plu à mettre sous la main de l'homme des moyens si variés de fertilisation pour le sol qu'il cultive, qu'à défaut de chaux nous pouvons recourir pour la composition des composts au riche concours de nos marnes et de nos sables vifs; ces composts, quoique inférieurs au premier, promettent néanmoins de

précieux résultats et n'imposent que des sacrifices de travail.

Avant de formuler la méthode pour la composition des composts dont il s'agit, je consignerai ici quelques considérations particulières
à nos contrées au sujet des travaux de réparation. La marne ou le sable agricole sont à peu
près partout autour de nous; il y a bien peu de
métairies qui n'aient pas leur marnière ou leur
sablière; les marnages et les sablages agissent
de la manière la plus encourageante sur nos terres; et, malgré tout cela, nous marnons annuelle-
lement très peu, nous sablons très peu. Cette
lacune dans le travail peut surprendre au premier coup d'œil, mais elle est forcée, et je vais
le faire voir. Dans les pays qui n'ont point de
landes, où l'on cultive presqu'exclusivement le
froment et l'avoine ou l'orge, les cultivateurs
peuvent exécuter dans l'année de grandes réparations sur la sole-jachère, parce qu'ils ont
beaucoup de temps à eux; mais, dans un pays
comme le nôtre, comme la Chalosse, comme une
partie des Hautes et Basses-Pyrénées, où la
coupe de la thuie, la culture de la vigne et celle
du maïs demandent les deux tiers de son temps
au moins à l'agriculture, les grands marnages,
les grands sablages sont impossibles. Cette impossibilité peut être atténuée par le propriétaire
qui s'adjoindra à volonté des ouvriers temporai-
res; mais, pour la classe la plus nombreuse, les
métayers, cette impossibilité demeure absolue.

Nous savons tous que pour réparer un vieux

champ nous donnons en moyenne deux cents mètres cube de marne par hectare ou huit cents tombereaux environ. Les marnages n'ont lieu ordinairement que pendant la campagne d'été, c'est-à-dire depuis le battage du blé jusqu'au 15 septembre à peu près; et remarquons bien que, dans cet intervalle, nous avons en outre à extraire les fumiers du parc, à écimer les maïs, à procéder au dernier labour, etc., etc.; or, dans un aussi court espace de temps, et avec les diverses affaires qui s'y groupent, il faut pour qu'un métayer, disposant même de deux attelages, marne, bon an, mal an, un hectare de champ, il faut, dis-je, qu'il soit bien favorisé par le temps et qu'il soit actif. Dans une métairie assolée à quatre hectares, c'est donc tout au plus le quart de la sole qui est réparé dans l'an, et comme, d'après notre rotation triennale, ce champ ne reviendra en jachère que de trois en trois ans, il en résulte qu'il ne sera réparé intégralement que la douzième année au plus favorable. Ainsi, avec cet ensemble de travaux indispensables, si contraire à des améliorations de quelque valeur, quelles espérances peut-on fonder sur la prospérité de la métairie et sur son revenu?

Avec le compost de terreau et de marne ou de sable vif, les conditions changent du tout au tout, et avec les conditions la situation. Ainsi, dans une métairie bien agencée en landes, le colon, s'il est laborieux à demi, peut faire chaque année une soixantaine de mètres cubes de terreau pour le maïs; supposons qu'il combine avec ces soixante mètres cubes de terreau, cent vingt, cent trente mètres cubes de bonne marne ou de sable vif; aussitôt il dispose de deux cents mètres cubes de compost dont il donnera à son champ cinquante mètres cubes par hectare : alors, ce n'est plus, comme par le mode actuel, une parcelle de la sole qui est amendée dans l'an, mais c'est toute la sole qui participe à la réparation. Je dis à la réparation parce qu'il n'est pas un propriétaire qui puisse sérieusement penser que cinquante mètres cubes d'un pareil amendement, d'un amendement aussi puissant, ne constituent pas une véritable réparation dont l'influence doit agir efficacement sur la récolte. Et pour mieux apprécier dans son étendue l'importance du mode de fécondation proposé, représentons-nous par la pensée la même sole recevant d'abord pour le froment de trente à quarante mètres cubes par hectare de fumier de parc, perfectionné comme il est dit au chapitre v, et ensuite pour le maïs cinquante mètres cubes de compost de marne ou de sable vif, et, en face de cette masse d'amendement donné ainsi à toutes les soles alternativement, il ne saurait être douteux pour personne qu'après deux ou trois rotations au plus, les champs de la métairie ne soient élevés au degré le plus complet de fertilité. Et où donc arriverions-nous par les composts si nos fumiers étaient réchauffés par un mélange de chaux, une fois tous les six ans seulement pour chaque sole?

Maintenant, je reviens aux procédés de manipulation. Le compost dont nous venons de parler doit être fait en cours de janvier; et aussi quelques jours avant cette époque on doit relever les terreaux et les mettre en pile de manière à les égoutter. Lorsque le moment est venu, on commence par établir une couche de marne ou de sable vif de quatre pouces d'épaisseur sur laquelle on superpose une couche de terreau de deux pouces; sur cette couche de terreau que l'on arrose légèrement avec un liquide gras ou stimulant si c'est possible, on place une deuxième couche de marne de même épaisseur que la première; on donne une deuxième couche de terreau que l'on arrose, et on continue ainsi jusqu'à la fin de l'opération. Lorsque le tas est monté, on le recouvre immédiatement d'une couche de terre de bonne qualité que l'on règle de manière à assurer l'écoulement des eaux pluviales. Dans la première quinzaine de mars, on recoupe le tas à la pioche par tranches perpendiculaires pour faire le mélange, et on le reconstruit sur place. Par ces divers travaux, on assure aussi complètement que possible la fusion des marnes et des terreaux.

On voit, par ce simple exposé des travaux de manipulation, que la confection des composts n'est pas très dispendieuse en temps; je vais compléter l'enseignement par quelques observations pratiques afin de guider le travailleur jusqu'au bout; et ainsi :

Le compost doit être établi sur des dimensions qui permettent de l'élever à six pieds de hauteur, car plus le tas sera élevé, plus la fermentation s'y développera puissamment. Pour fabriquer le compost dans toutes les conditions désirables, il serait bon d'opérer dans la fosse à fumier et d'employer aux arrosements le liquide du réservoir; cependant si les marnières ou sablières sont beaucoup plus rapprochées des champs à amender que de la maison d'habitation, on peut opérer en plein air et sur le coin même des champs. Dans tous les cas, le compost doit être soigneusement protégé par tous les moyens de conservation.

Enfin on ne doit jamais perdre de vue dans l'emploi, que le compost demande à être recouvert par un labour au fur et à mesure qu'il est transporté sur le champ. S'il en était autrement et qu'il restât exposé aux pluies, il perdrait énormément de ses qualités.

A énergie égale, le sable est infiniment préférable à la marne, car il est plus facilement maniable, et il s'incorpore plus vite et plus complètement soit dans le terreau, soit dans la couche arable.

Réponse à une objection.

Je suis parfaitement convaincu qu'il n'est pas un agriculteur autour de nous qui ne reconnaisse la nécessité de prévenir les causes qui énervent nos fumiers, et qui ne comprenne la puissance d'action que les composts exerceraient infailliblement sur nos terres; cependant, proposez des pratiques nouvelles, demandez des travaux inusités, et de toutes parts on va vous répondre : le temps manque ! le temps suffit à peine aux travaux actuels !

Je sais que nos travaux sont très multipliés, je sais qu'ils exigent beaucoup de temps, et néanmoins à mes yeux l'objection est sans valeur réelle, car en donnant une direction plus intelligente au travail, on peut trouver du temps pour tout. J'ajoute que, dans une situation comme la nôtre, fallût-il plus de temps et de fatigue, on n'a pas le droit d'y regarder de trop près lorsqu'il s'agit de créer des ressources nouvelles, des moyens nouveaux de fertilisation, si impérieusement commandés par les besoins de notre sol. Examinons donc quel est ce surcroît de travail qui pourrait résulter de ces pratiques nouvelles.

Et d'abord pour le compost de chaux. Lorsque le cultivateur extrait les fumiers de son parc, faut-il une plus grande dépense de temps pour les transporter dans la fosse destinée à leur amélioration que pour les mettre en tas dans la basse-cour de la métairie ? évidemment non, puisque ces deux opérations sont une seule et même chose dans l'un et l'autre cas. Le surcroît de travail que l'on redoute est donc tout entier dans l'intercalation de quelques couches de chaux et les arrosements. Mais je ne pense pas qu'on porte sérieusement en ligne de compte le temps employé à ces pratiques, c'est tout simplement l'affaire de quelques heures dans l'année.

Maintenant, passons à l'amélioration des fumiers du parc par le mélange de la marne ou du sable, ainsi qu'à la confection des composts de terreau.

Pour effectuer les approvisionnements que demandent ces deux opérations, disons qu'il faut de 250 à 300 mètres cubes de marne ou sable, soit de mille à douze cents tombereaux. Nous avons vu que lorsqu'un cultivateur est convenablement actif et assidu, il transporte dans l'état actuel des choses de huit cents à mille tombereaux par an sur la sole jachère. Si maintenant au lieu d'effectuer ce transport sur le champ, il l'effectue sur la basse-cour de l'habitation, il obtient déjà ces huit cents ou mille tombereaux de marne approvisionnés à pied d'œuvre. L'un des deux transports pourra exiger plus de temps que l'autre, c'est bien possible, mais la différence sera en faveur du dépôt ou contre le dépôt approvisionné selon que la maison d'habitation sera plus ou moins rapprochée que le champ du sable ou de la marne. Avec les huit cents tombereaux qu'il transporte durant la campagne d'été, il ne possède pas encore sans doute la quantité de marne ou de sable nécessaire, mais que peut-on objecter pour les quatre cents tombereaux qui manquent quand on a devant soi toute l'année et deux attelages ?

Il suffira, je crois, de ces explications pour démontrer que l'exigence de nos travaux actuels ne met aucun obstacle à l'introduction de pratiques qui ont un objet aussi essentiel que l'amélioration de nos fumiers, et la création des composts; qu'il y a largement du temps pour tout, et que pour entrer dans cette nouvelle voie, il faut de la bonne volonté, mais rien que de la bonne volonté.

Je finis en faisant observer que l'approvisionnement de marne ou de sable destiné au parc ou au compost doit être entouré des soins les plus minutieux de conservation; car si la marne ou le sable étaient exposés sans défense aux longues et froides pluies de la mauvaise saison, ils se délaieraient et perdraient en se délayant jusqu'à l'état boueux la plus grande partie de leur qualité et de leur activité. Il faut donc, au fur et à mesure que l'approvisionnement se fait, élever des tas d'un volume égal à cinquante tombereaux environ, donner à ces tas la forme circulaire à la base et les mener en entonnoir renversé. Les tas ainsi disposés rejettent l'eau et assurent à la marne ou au sable la conservation de toute leur valeur.

Un dernier mot sur les engrais.

Dans les articles qui précèdent, je viens d'exposer des moyens simples et faciles pour améliorer et augmenter considérablement la masse de nos engrais; mais ne nous faisons pas illusion, quelles que soient les qualités artificielles que nous donnerons à ces engrais, nous n'obtiendrons jamais les effets produits par les bons fumiers, par les fumiers d'étable.

En tournant les efforts du travail vers le per-

fectionnement et l'augmentation des engrais artificiels, mon unique but a donc été d'imprimer
un mouvement de progrès qui, en grandissant
insensiblement, nous conduira sans danger et
sans déception de· l'amélioration graduelle et
toujours croissante des récoltes à la culture
progressive des fourrages. La culture fourragère, qu'on se pénètre bien de cette pensée, est
le dernier terme de la progression, elle résume
en elle tout le problème agricole puisqu'elle
est la seule source où nous puissions trouver
cette qualité de fumiers que nos terres demandent pour devenir plus fécondes; et, en effet,
avec l'abondance des fourrages nous aurons
beaucoup de bétail dans nos étables, avec beaucoup de bétail bien nourri et toujours entretenu
au râtelier, l'abondance des engrais les plus fécondants, et avec l'abondance de ces engrais,
l'abondance des récoltes et le bien-être pour
tous. Néanmoins, quelle que soit la masse de
bons fumiers que promette la culture fourragère, les composts devront rester comme puissance en bonne agriculture, car ils apportent en
même temps au sol, comme je l'ai déjà dit, le
carbonate de chaux et l'humus qui en font la
richesse.

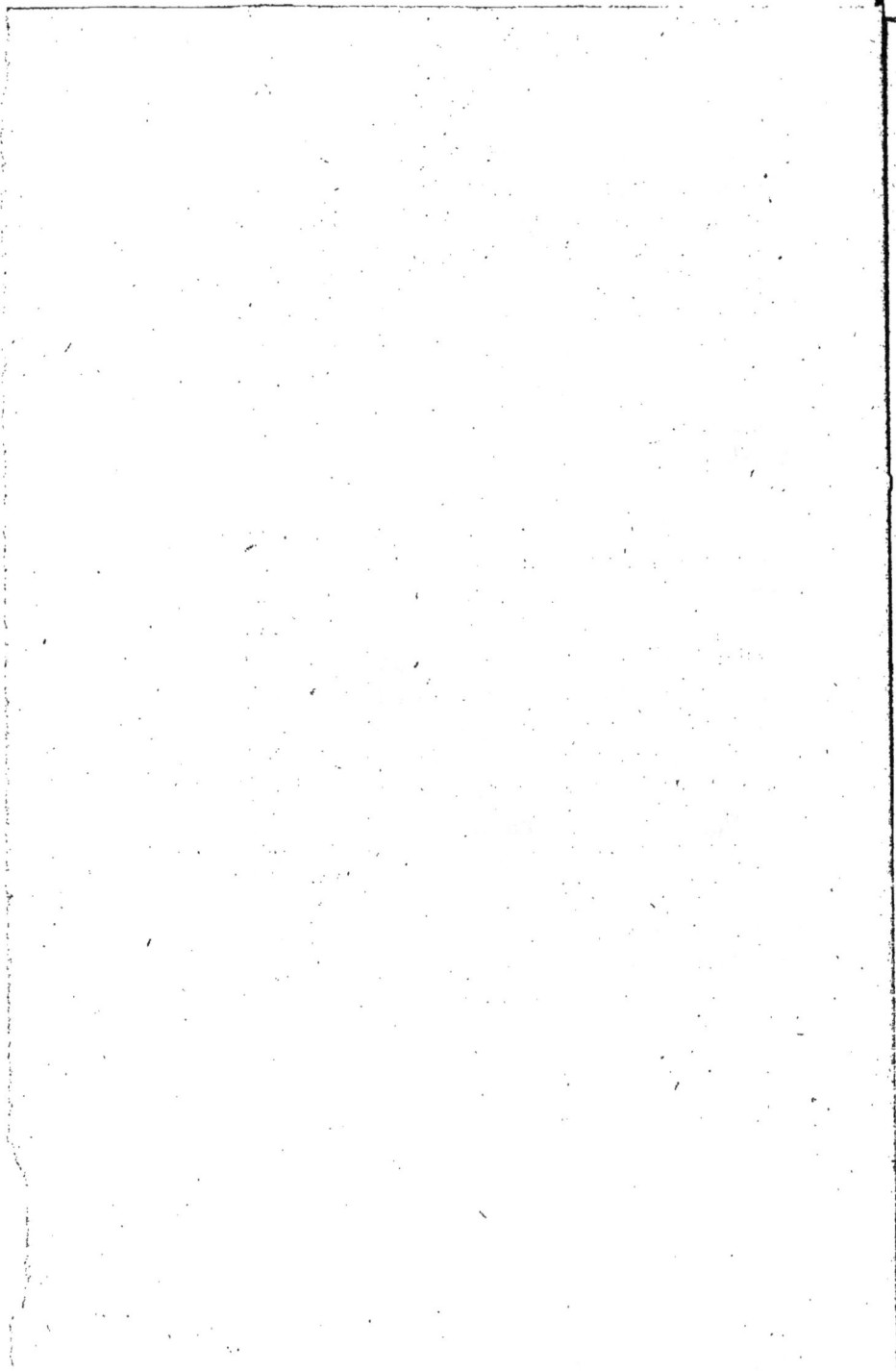

CHAPITRE VII.

—

Des Fourrages artificiels.

CONSIDÉRATIONS PRÉLIMINAIRES SUR LA CULTURE DES
FOURRAGES DANS NOS CONTRÉES.

Il existe au milieu de nous un fait dont il est
bien difficile de se rendre compte, mais qui n'en
est pas pour cela moins réel, c'est que non-seulement la culture des fourrages n'a jamais été
sérieusement expérimentée par nos agriculteurs,
mais même qu'elle soulève parfois le ridicule
contre celui qui ose croire à la possibilité du
succès. A quoi tient cette disposition des esprits;
à quoi tient cette indifférence d'initiative sur une
nécessité qui résume pour nous tout le problème agricole? Je vais essayer de l'expliquer.

Ecoutons d'abord nos cultivateurs : les uns
vous disent que nos terres sont impropres aux
cultures fourragères, parce que les luzernes et
les trèfles ne se plaisent que dans les sols riches
et profonds; les autres prétendent que l'assole-
lement, soit biennal, soit triennal, s'oppose à
leur introduction sur une échelle profitable;
ceux-ci objectent que nous manquons de fu-

miers pour réussir dans cette culture; ceux-là, enfin, sont convaincus qu'elle épuiserait en peu de temps nos terres déjà si faibles; et, au milieu de toutes ces opinions que protégent et les idées et les actes de quelques propriétaires locaux haut placés, personne n'essaie de vérifier la valeur des préjugés par l'expérience, et personne n'osera essayer résolûment de peur de s'exposer à l'échec, et avec l'échec aux sarcasmes.

J'ai recherché sérieusement et pesé le mérite de ces raisons diverses, et, dans mon opinion, elles n'ont aucun droit à l'autorité dont elles jouissent auprès du plus grand nombre.

J'ai posé en principe, dans l'introduction, que, si le sol arable s'échelonne du riche au médiocre, d'un autre côté, et par une harmonie toute providentielle, les plantes cultivables, selon leur nature et les besoins qui leur sont propres, marquent elles-mêmes leur place dans chaque qualité de terrain. Cette révélation, conquise d'abord par l'observation, a été plus tard confirmée par de nombreuses expériences, et elle a aujourdh'ui toute la puissance d'un fait; et alors, si, prenant en main les différentes familles et variétés fourragères pour appliquer le principe, nous présentons la plante au terrain depuis la luzerne, le trèfle et le sainfoin-esparcette, jusqu'à l'alpiste ou le moha, nous reconnaissons, en effet, que l'échelle des fourrages marche admirablement d'accord avec l'échelle des terres, et que, conséquemment, les prairies artificielles sont le domaine de tous.

Loin d'être exclus de la culture des fourrages par la qualité de nos terres, nos terres, au contraire, nous y encouragent, et j'espère démontrer qu'avec notre assolement, alors qu'il sera soutenu par les moyens de fertilisation indiqués dans les chapitres qui précèdent, il nous sera facile d'abord d'entrer, et ensuite de progresser rapidement dans la voie fourragère. Du reste, c'est le seul moyen de résoudre le grand problème dont notre propriété attend la solution pour doubler le revenu foncier.

Oui, l'introduction des fourrages artificiels est possible pour nous; et, puisqu'elle est possible, elle doit être le but dominant vers lequel doivent tendre et toutes nos pensées et tous nos efforts. Nous devons nous bien pénétrer de cette vérité qui exclut tout doute, qu'avec les fourrages nous arriverons à tout, et que, sans les fourrages, il n'y a pas pour nous de progression possible; en un mot, les fourrages sont le chemin du bien-être pour tous. Cultivons donc les fourrages, ne nous laissons pas abattre par les échecs et les mécomptes qui accueilleront immanquablement nos premiers pas dans cette voie nouvelle; on n'arrive jamais de prime saut au suprême bien; cultivons toujours, et j'ai la conviction que le succès répondra largement un jour à la persévérance de nos travaux.

Mais, qu'on veuille bien le remarquer, la culture des fourrages artificiels ne s'arrête pas pour nous à l'amélioration des récoltes et à la multiplication du bétail sur le domaine; la culture des

fourrages a une autre conséquence qui la recommande au moins tout aussi décisivement,
et cette conséquence est le défrichement de nos
landes. Le défrichement de nos landes est donc
entièrement lié à l'introduction des fourrages;
je dis plus, il n'y a pas de défrichement possible
sans la culture des fourrages. Avec les prairies
artificielles, la mise en culture des landes arrive naturellement, forcément et sans danger,
puisque les landes deviennent totalement inu-
tiles, et dans un demi-siècle tout au plus, le
défrichement aura doublé la fortune privée, en
même temps que les ressources alimentaires du
pays.

Cette considération semble avoir une assez
haute portée pour fixer l'attention sérieuse des
propriétaires et des laboureurs en général.

Coup d'œil sur notre situation agricole avant 1789.

Bien qu'il y ait de grands préjugés à vaincre
pour introduire la culture fourragère dans nos
contrées, néanmoins il est à prévoir qu'un peu
plus tôt ou un peu plus tard, l'impulsion en
sera donnée par des cultivateurs hors ligne, et
qu'à leur exemple tout ce qu'il y a d'hommes
intelligents et vraiment agriculteurs entrera insensiblement dans la voie. Cependant, il ne faut
pas se le dissimuler, l'introduction partielle des
prairies artificielles çà et là sur quelques points
ne constitue pas la grande conquête qui doit
changer pour nous la face de l'industrie agricole;
pour que la conquête soit décisive, il faut que

la culture des fourrages se généralise; et ici, il est fortement à craindre que l'impulsion ne vienne se briser contre les traditions routinières du métayer.

Cet obstale est grave et sera difficile à dominer. Le métayer n'est pas seulement l'homme de la routine, mais il sera routinier avec entêtement si l'on veut le pousser à des pratiques inconnues, parce qu'il n'admettra jamais que celui qui ne tient pas la charrue puisse lui enseigner quelque chose en matière de travail. Comme son intelligence ne lui permet pas de saisir la portée d'un nouveau mode de culture, il se méfie de toute innovation, et l'existence des fourrages sur son champ lui paraîtrait, je ne dis pas seulement un danger, mais un vol sur sa subsistance. Cela est, du reste, si vrai qu'à la vue de l'extension donnée à la culture fourragère par un des grands propriétaires de nos contrées, tous les paysans des environs s'écriaient : M. de B. veut nous faire mourir de faim ! Le métayer recevra donc avec méfiance et souvent même avec dérision, toute pratique qui ne rentre pas dans son éducation première ou qui contrariera ses vieilles habitu - des. Vous lui parlerez de la perfection du travail dans les pays de grande culture ! Il ne vous accordera pas que, dans quelque pays que ce soit, on cultive mieux que dans le sien. Vous vous heurterez partout contre sa force d'inertie; il ajournera, il reculera sans cesse, et, pour couper court avec la question des fourrages, il finira par vous dire : Autrefois, on ne faisait rien de tout

4

cela, et on avait de belles récoltes de blé et de maïs; on vivait bien : en travaillant comme nos pères, nous vivrons comme eux.

Pauvres gens! ils ne connaissent pas les grands moyens dont disposaient leurs pères pour arriver à ces récoltes.

Autrefois, dans presque toute notre Gascogne, et notamment dans l'Armagnac, la plupart des communes possédaient de vastes étendues de landes, et, dans le nombre, il y en a qui possédaient aussi de vastes forêts. Ces landes et ces forêts étaient ouvertes et abandonnées à la vaine pâture des communautés; elles fournissaient aux bestiaux de bons et abondants pâturages, et, grâce à ces pâturages, les métairies entretenaient à peu près toutes de nombreux animaux. Cette dépaissance sur la propriété communale avait favorisé si largement l'élève du bétail, que je pourrais citer telle propriété, entr'autres, de 18 à 20 hectares de labourable, où l'on comptait, avant 1789, trente-six bêtes à corne, sans parler de plusieurs poulinières et d'un nombreux troupeau de brebis. Eh bien! aujourd'hui, sur cette même métairie, agrandie depuis cette époque de plusieurs hectares par des défrichements, on compte à peine une douzaine de têtes de gros bétail, et ce bétail y meurt de faim. Sous la protection de la vaine pâture dont je parle, les métayers entretenaient donc généralement beaucoup d'animaux, et, outre les bons bénéfices que leur donnaient la reproduction et l'élève du bétail, ils obtenaient des masses considérables d'excellent fumier, et, avec ce fumier, des récoltes très belles. Il n'était pas rare, dans ce temps-là, que le champ donnât 12 pour 1 de la semence.

Oui, dans ce temps-là, le métayer vivait bien.

Depuis 1789, tout a changé : les landes communales ont été généralement vendues ou partagées, les forêts ont passé sous le régime de la conservation; et comme chaque acquéreur a clos sa parcelle de lande, et comme les forêts sont bien gardées, il en est résulté que chacun a dû rester chez soi. Aussi, telle métairie qui avait douze vaches dans ce temps-là en a tout au plus quatre aujourd'hui, et encore quelles vaches ! Les fumiers ont suivi forcément la progression décroissante des bestiaux, les récoltes ont diminué dans la proportion des fumiers, et le champ ne donne plus moyennement que six pour un de la semence.

Le métayer vit, sans doute, mais il vit sans aisance, il vit mal.

Si j'ai mis en regard notre situation agricole d'autrefois et notre situation d'aujourd'hui, qu'on ne croie pas que j'aie la pensée de donner des regrets au passé, sous le rapport de la liberté du parcours; je suis, au contraire, pour la suppression de la vaine pâture et la sévère conservation des forêts : j'ai seulement présenté le rapprochement des deux situations pour faire voir que nous ne faisons pas, et qu'il nous est impossible de faire aussi bien qu'autrefois.

Pour tirer de ce rapprochement l'enseignement logique qu'il renferme, je résumerai les deux situations en peu de mots, afin d'être clair et concluant.

Avant 89, on avait dans nos contrées de belles récoltes, parce qu'on disposait de masses considérables de bons fumiers; on avait de bons fumiers en abondance, parce que l'on entretenait beaucoup de bétail; enfin, on entretenait beaucoup de bétail, parce que les landes et les forêts communales étaient abandonnées au parcours de la communauté.

Aujourd'hui, les pâturages communaux sont perdus sans retour, les bestiaux sont réduits des deux tiers au moins sur la propriété, les fumiers sont fort au-dessous du nécessaire, et, de là, des récoltes au rabais.

Il est donc évidemment clair que la propriété de nos contrées tenait ses éléments de fécondité des abondants pâturages que lui offraient les landes et les forêts communales. Maintenant que ces pâturages sont perdus à tout jamais, ou il faut renoncer à relever nos terres au degré de production d'où elles sont tombées, ou il faut créer des ressources alimentaires qui permettent d'entretenir, comme autrefois, de nombreux animaux sur le domaine; et ces ressources alimentaires, où sont-elles, où pouvons-nous les trouver, si ce n'est dans la culture des fourrages sur la plus grande échelle possible?

De la Culture des Fourrages artificiels avec l'assolement triennal.

L'assolement triennal est le plus généralement adopté dans nos départements. Bien qu'il
s'oppose à la culture en grand des trèfles, des
luzernes et des sainfoins qui font la richesse de
la propriété dans d'autres pays, cependant il ne
l'exclut pas d'une manière absolue, et il ne
dépend que de nous de prendre notre part
relative à cette source de prospérité. Mais si l'assolement triennal offre des difficultés à la pleine
culture de ces grands fourrages, en revanche,
il se prête admirablement à celle d'une infinité
de plantes fourragères annuelles ou de second
ordre. Leur cultivation aurait pour nous une
portée d'autant plus encourageante par ses résultats assurés qu'agissant sur le présent par la
création facile d'une masse alimentaire encore
inconnue pour nos bestiaux, elle préparerait,
dans un avenir rapproché, la conquête d'un quatrième assolement sur nos landes, et, avec ce
quatrième assolement, la situation que nous
poursuivons.

Nos terres sont donc divisées en trois soles,
et leur rotation est remplie par le blé, le maïs,
et le repos ou la jachère nue. Je vais faire connaître les fourrages qui s'appliquent à chacune
d'elles dans l'ordre de la rotation, et démontrer
pratiquement la possibilité de les cultiver sans
bouleversement comme sans danger pour nos
cultures actuelles.

Prenons d'abord la sole du froment.

Le trèfle, comme on sait, est exigeant, et aussi nous le sèmerons sur froment, parce que ces terres sont toujours mieux travaillées et mieux fumées que les autres; nous jetterons donc le trèfle sur froment. Nous n'en couvrirons pas la sole entière, parce que cette sole étant affectée rigoureusement par l'ordre de nos cultures à supporter le maïs l'année suivante, nous n'arriverions par de grands sacrifices qu'à produire une simple dépaissance de quelques mois. Nous nous bornerons donc à ensemencer le quart de la sole : nous l'enlèverons, il est vrai, à la culture du maïs, mais il en doit être ainsi pour que le trèfle ait le temps de donner son revenu. Cependant, il serait possible d'obtenir une récolte de maïs à peu près égale, malgré la réduction de la contenance, parce qu'on le travaillerait mieux et plus à propos, et que l'on amenderait plus largement les trois quarts de la sole que la sole entière. Le quart de la sole sera donc semé en trèfle. Si l'arrière-saison se présente bien, sans longues pluies et d'une température assez douce, il sera bon de jeter la graine en même temps que la semence de froment. En opérant à cette époque, le trèfle étant sorti et assez fort avant les grands froids résistera parfaitement à l'hiver, et on aura une première coupe vers la fin d'août ou le mois de septembre de l'année suivante. Dans le cas contraire, on jettera la graine en fin de février ou courant de mars, selon que la température sera favora-

ble. Nous procèderons ainsi annuellement sur
chaque sole, à son tour, en ayant le soin de
consacrer toujours à la culture du trèfle la parcelle qui présentera les meilleures conditions,
tant par sa bonne nature que par sa bonne exposition.

Maintenant, prenons la sole de maïs :

Ici, nous resterons dans les usages du pays;
nous cultiverons donc sur le maïs la rave fourragère et le farouch. Il y aura cependant cette différence qu'au lieu de restreindre ces dernières
cultures à quelques coins de terre, comme on
le fait malheureusement aujourd'hui, nous couvrirons la sole entière de farouch et de raves;
une portion de la graine de rave sera semée
très dru afin de pouvoir la faucher et faire manger en vert au mois d'avril.

Prenons enfin la troisième sole, la jachère nue.

Avant d'indiquer la destination fourragère de
cette troisième sole, je veux consigner ici quelques observations sur l'erreur qui protège le repos absolu des terres durant toute une année. La
jachère nue est une tradition des anciens temps;
on pensait autrefois, comme le pense du reste
encore la généralité de nos cultivateurs, que les
terres, après la rotation des cultures ordinaires,
ont besoin d'une année de repos absolu pour se
disposer favorablement à une nouvelle production; on était convaincu qu'on les conduirait
promptement à l'impuissance, si on les forçait
à produire constamment et sans relâche. Oui,
les terres ont besoin de repos, c'est un fait pro-

clamé et généralement reçu; mais il faut bien s'entendre sur ce point. Le repos pour les terres ne consiste pas à ne rien produire absolument, il consiste dans la variété et l'alternation des cultures, à ne pas semer, par exemple, blé sur blé, avoine sur avoine, etc.; le repos, enfin, consiste à faire succéder une culture qui n'épuise pas à une culture qui épuise. Je vais en donner l'explication plus claire pour être mieux compris.

On considère comme cultures épuisantes celles de toutes les céréales en général, et de quelques autres plantes, telles que le lin, le chanvre, etc. Elles épuisent le sol, parce que, à l'époque de la maturité de leurs graines, leurs feuilles, en partie déjà desséchées, cessant d'absorber les principes nutritifs de l'atmosphère, laissent aux seules racines, à la terre, le soin de pourvoir aux besoins de la fructification.

On considère au contraire comme reposantes les cultures qui sont fauchées avant l'époque de leur fructification ou qu'on ne laisse pas grainer, telles que les trèfles, les luzernes et tous fourrages quelconques.

Ce point ainsi éclairé par les enseignements de la pratique, si une sole était ensemencée en froment la première année, en seigle ou en maïs la seconde, en avoine ou en lin la troisième, et ainsi de suite, sans repos, en recommençant par le froment, il est positif que la production diminuerait progressivement et deviendrait tout à fait nulle en peu de temps, sauf le cas où elle rece-

vrait pour chaque culture d'abondants engrais.
Si, au contraire, sur cette même sole, le froment
est remplacé la seconde année par le maïs, et
qu'au maïs on fasse succéder la troisième année
une culture fourragère, il n'y a pas à craindre
que la terre se lasse, et la récolte du froment
l'attestera pleinement. La terre ne se lassera
pas, alors surtout que le champ aura été soutenu
par de bonnes fumures pendant ces trois cultures. Il y a plus contre le repos, et tous les cultivateurs ont pu l'observer, on voit partout et
notamment dans les pays où la propriété est très
divisée, de petits propriétaires qui ensemencent
leur champ toutes les années et qui en obtien-
nent de bons rendements. Je connais même une
parcelle de terre, entr'autres, qui est cultivée en
maïs depuis douze ans, sans repos, sans fumier
et sans amendement, et qui donne annuellement
d'excellentes récoltes.

Conduit par cette pensée, M. Déseymeris, de
la Gironde, agronome savant et homme pratique
à la fois, tourna ses méditations sérieuses vers
la solution de cet important problème. Pour
combler la lacune que la jachère nue laisse dans
le revenu foncier, il étudia à fond la grande
échelle des plantes fourragères, et, s'emparant
de celles qui par leur nature sont les moins exigeantes et les plus hâtives, il arriva en peu de
temps, sans sacrifices et sans contre-coup, à
créer sur son domaine de *Miaille* des prairies
artificielles, de peu de durée, il est vrai, et néanmoins d'une production merveilleuse. Le pro-

blème a donc été pleinement résolu à *Miailles*
contre le repos des terres; la jachère, aujour-
d'hui, y est chargée de fournir les fourrages à
l'exploitation, et ce domaine, en si mauvais état
au début, est actuellement dans un état de prospérité qui ne laisse rien à désirer.

M. Déseymeris a opéré sur l'assolement biennal.

Pour mieux faire comprendre les moyens par
lesquels il a réalisé une amélioration si importante pour tous les pays, et, en particulier, si désirable pour nous, je vais transcrire sa méthode,
je vais le laisser parler.

.....« Mais la jachère, comme on le sait, coûte
» beaucoup de travaux et ne donne rien. Ne
» pourrait-on pas lui conserver ses avantages en
» la corrigeant de ce dernier défaut? Ne pour-
» rait-on pas donner en toute saison à une terre
» qui vient de porter du blé autant de façons
» qu'il en faut pour la nettoyer, pour l'ameublir
» parfaitement, pour la fumer et pour détruire
» les herbes dont la fumure provoque le déve-
» loppement, et tout cela sans se priver de
» l'avantage d'y créer et d'en tirer des moyens
» de fertilisation pour elle-même et pour d'au-
» tres, en d'autres termes, sans renoncer à lui
» faire porter de la nourriture pour le bétail?
» La pratique qui réunirait tous ces avantages
» serait d'une immense importance et pourrait
» former la base d'une véritable révolution agri-
» cole. Cette pratique n'est ni impossible à trou-
» ver, ni difficile à réaliser; elle n'est ni coûteuse,

» ni compliquée, et on peut chez moi, à toutes
» les époques de l'année et toutes les semaines
» (trois ou quatre mois exceptés), en voir l'ap-
» plication dirigée par un simple maître-valet, à
» qui il a suffi de l'indiquer une seule fois pour
» qu'il ne puisse pas l'oublier. Tout consiste à
» faire choix de plantes fourragères qui n'occu-
» pent le sol que très peu de temps. J'institue en
» ce moment des expériences sur le moha, l'al-
» piste et d'autres plantes pour constater jusqu'à
» quel point elles ont ce privilége; mais, dès
» longtemps, je l'ai reconnu à un haut degré
» dans trois plantes peu exigeantes de leur na-
» ture et dont le mélange fournit un fourrage
» excellent, je veux parler du sarrasin, du *maïs*
» *quarantin* ou *maïs à poulet*, et de la *spergule*
» *géante*. Sept à huit semaines suffisent à leur
» développement; dans des conditions excep-
» tionnelles de temps, elles peuvent occuper le
» sol jusqu'à deux mois ou deux mois et demi,
» mais jamais plus. Or, de cette qualité précieuse
» il résulte que, sur une pièce de terre médiocre,
» sale ou propre, on peut, entre deux blés, entre
» une moisson et une semaille de froment, entre
» le mois d'août d'une année et le mois d'octobre
» de l'année suivante, se procurer un, deux,
» trois et même quatre fourrages successifs,
» tout en lui donnant non-seulement les trois
» façons accoutumées d'une jachère, mais au-
» tant de labours et de hersages que l'on voudra,
» autant de cultures qu'il en faut pour l'avoir au
» mois d'octobre parfaitement propre et parfai-

» tement ameublie. Après la moisson faite, on
» sème ce fourrage sur un labour, puis on donne
» un coup de rouleau et de herse; il est con-
» sommé en septembre. Au printemps suivant,
» dans le mois de mars, et au risque de voir
« quelques semailles perdues par les gelées, on
» recommence de cultiver ce même mélange de
» sarrasin, de spergule et de maïs à poulet, et
» sans interruption on en sème de semaine en
» semaine, ou de quinze jours en quinze jours,
» jusqu'au milieu du mois d'août, employant à
» cet usage tout le fumier qui se fait sur le do-
» maine, de manière à en couvrir ainsi successi-
» vement une ou plusieurs fois les terres qui
» composent la sôle de jachère.....»

Ecoutons encore M. Déseymeris, qui complète son enseignement par la formule de son
opération pratique : «En août, après la moisson
» faite, fumer la terre, labourer, rouler, semer
» des plantes fourragères hâtives, herser pour
» recouvrir la semence; — en octobre, faucher
» et faire consommer;—labourer en novembre
» ou décembre; — vers la fin de février ou au
» commencement de mars, fumer, labourer,
» rouler, semer des fourrages hâtifs;—herser;—
» en mai, faucher;— dès que le champ est dé-
» barrassé, fumer, labourer, rouler, semer, her-
» ser;—en juillet, faucher;—de nouveau labou-
» rer, rouler, semer, herser;—préparer ensuite
» son champ pour la semaille du blé.....»

Enfin, M. Déseymeris termine par la nomen-
clature des plantes fourragères qu'il cultive sur

jachère. « Les fourrages hâtifs que je cultive le
» plus sont : le sarrasin, le maïs quarantain, la
» spergule géante, le moha, l'alpiste, le millet,
» la navette d'été, la moutarde blanche, plusieurs
» variétés de pois, l'orge céleste. Je mêle tou-
» jours ensemble deux ou trois de ces plantes.
» Le sarrasin, qui seul est un fourrage médiocre,
» mêlé avec le maïs quarantain qui pousse aussi
» vite que lui, forme un fourrage excellent. »

La quantité de graine à jeter par hectare est
d'un hectolitre.

Comme on le voit, la méthode de M. Déseymeris est claire, simple et conséquemment d'une
application facile. En même temps qu'elle occupe la jachère par une production soutenue de
fourrages, elle ne compromet ni le labour, ni
l'ameublissement, ni le nettoiement des terres;
et la coupe successive de ses plantes hâtives
revient toujours à souhait pour faciliter les façons que demande la préparation normale du
sol. Et maintenant si cette méthode est appliquée avec autant de succès sur l'assolement
biennal, à quels succès n'avons-nous pas le droit
de prétendre en matière fourragère avec notre
assolement triennal ? Je reprends :

La sole sur laquelle nous devons opérer est
celle qui devait être conduite en jachère nue.
Ensemencée en blé deux ans auparavant, elle
reçut du trèfle sur un quart de sa contenance,
et ce trèfle a fini son temps. Cultivée en maïs
l'année suivante, elle est occupée aujourd'hui sur
le second quart par les raves et la moitié enfin

estcouverte de farouch. Pour entrer dans le système Déseymeris, nous commencerons donc par culbuter le trèfle, et après avoir préparé la terre qu'il occupait, nous l'ensemencerons parcellairement en fourrages hâtifs à partir de l'époque indiquée par les enseignements de l'auteur. Ensuite, au fur et à mesure de l'extinction des raves et du farouch, nous poursuivons successivement la préparation du sol et l'ensemencement des fourrages; et, ainsi, en fin de mai ou aux premiers jours de juin, non-seulement notre sole-jachère aura reçu le premier labour, mais encore elle aura été entièrement ensemencée une première fois en fourrages.

Maintenant que nous avons fait connaître les plantes cultivables et leur mode d'application sur chacune de nos trois soles, apprécions par aperçu les ressources alimentaires que le système est appelé à fournir à nos bestiaux. Afin de partir d'un point fixe, nous supposerons que chaque sole est de quatre hectares, que notre culture fourragère est en plein exercice, et que son introduction part de 1847 et produit son effet en 1849.

Et d'abord, trèfle sur froment.

En 1847, nous avons ensemencé un hectare en trèfle sur blé,

En 1848, nous avons encore ensemencé un hectare en trèfle sur blé. Le trèfle semé en octobre 1847, étant dans sa deuxième année en 1849, nous donnera deux bonnes coupes, et peut-être trois, s'il est favorisé par le temps. Soit deux coupes,

Le trèfle de 48 fournira aussi une coupe vers le mois de septembre 49, pour peu que le temps lui soit favorable aussi.

Nous allons donc entrer en possession, selon toutes les probabilités, de trois coupes de trèfle en 49. Comme il est bon de supposer que le trèfle ne réussira qu'à demi au début, et afin d'aller au-delà des mécomptes, nous porterons chaque coupe ou rendement médiocre de quatre charretées de 10 quintaux l'une.

Soit douze charretées de trèfle à engranger.

Nous disposerons, en outre, pour les beaux jours d'hiver et même de l'automne, d'une dépaissance précieuse sur les deux hectares de champ occupés par le trèfle.

Maintenant, passons aux fourrages sur maïs.

La sole affectée au maïs en 48 est celle qui a reçu la semaille du blé en 46, c'est-à-dire antérieurement à l'application du système. Bien que le quart de sa contenance n'ait pas été affecté au trèfle, nous allons néanmoins le supposer pour nous tenir dans un seul et même ordre d'idées. Nous avons donc sur cette sole trois hectares seulement cultivés en maïs, et ces trois hectares ont été couverts en juin 48 de raves fourragères et de farouch, savoir un hectare en raves et deux hectares en farouch. J'ajoute, quant aux raves, qu'elles ont été semées clair sur le premier demi-hectare afin qu'elles *fissent tête et feuille*, et dru sur le second pour passer à l'état de fourrage et être fauchées en fin de mars ou avril.

Les raves semées clair s'offrent premièrement

à nous depuis la fin de novembre jusqu'à la fin de l'hiver pour aider à entretenir les bêtes d'attelage. Mêlées à la paille et pâturées à la main comme on le pratique dans nos contrées, elles fournissent une alimentation qui rend les bœufs frais et forts durant la mauvaise saison. On peut aussi, et encore mieux, les donner avec la paille hachée; et je le consigne ici en passant, les bœufs mangent parfaitement la paille hachée alors surtout qu'elle est mélangée pendant quelques heures à l'avance avec un fourrage vert et haché avec elle.

Les raves semées dru arrivent en fin de mars ou avril. Elles seront fauchées au fur et à mesure de la consommation. Elles nous conduiront, avec un peu de foin, jusqu'en mai, pour l'entretien des bêtes de travail.

Enfin, vient le farouch qui couvre deux hectares de la sole. S'il a été bien rencontré, s'il a été semé avec opportunité et que la saison lui soit favorable jusqu'à la fin, ces deux hectares ensemencés produiront moyennement douze charretées. Cependant, comme ce fourrage arrive au moment où les ressources diminuent ou finissent, nous en consommerons quatre charretées en vert pour faire face aux besoins.

Reste huit charretées de farouch à engranger.

Enfin, arrivent les fourrages hâtifs.

La jachère est la sole qu'occupait le maïs en 48, elle supportait en 49 :

1° Sur un hectare, le trèfle de 46 sur blé;

2° Sur un hectare, les raves fourragères semées en 48 sur maïs;

3° Sur deux hectares, le farouch jeté sur maïs
aussi en 48.

Le trèfle de 46 ayant fait son temps dans l'ordre du système, nous le rompons par le beau
temps d'automne et par un bon labour. Fumé
et labouré de nouveau en fin de mars 49, nous
en ensemençons immédiatement le terrain en
fourrages hâtifs et par demi-hectare.

Les raves étant consommées en fin d'avril,
nous fumons et nous labourons le terrain qu'elles occupaient et nous l'ensémençons par demi-
hectare.

Enfin, au fur et à mesure de l'enlèvement du
farouch, nous labourons, après la fumure obli-
gée, le sol qu'il occupait, et nous l'ensemençons
successivement par demi-hectare, de manière à
compléter le travail en fin de juin.

Notre jachère est donc entièrement ensemencée en fourrages hâtifs, et pour peu que le
temps seconde l'opération, leur production pré-
sumable peut être évaluée à cinq charretées par
hectare. Ainsi, nous disposerons de vingt charretées de fourrages verts depuis le commencement de mai jusqu'en août, masse alimentaire
énorme produite par la sole condamnée aujour-
d'hui au repos absolu, masse alimentaire qui
nous permet de doubler instantanément le nombre des animaux sur le domaine, et de les nourrir constamment et abondamment à l'étable.

Mais le système, ne s'arrête pas là, et comme

d'un côté les fourrages hâtifs que nous cultivons n'épuisent pas le sol, et que de l'autre nos fumiers, marchant dans la proportion des ressources alimentaires, ont été plus que doublés en quantité et en qualité, nous pouvons, si nous voulons, créer sur la même sole une seconde récolte de fourrages. Ainsi, au fur et à mesure de la consommation, nous fumons et nous labourons le terrain par demi-hectare ou quart d'hectare selon la contenance, et nous ensemençons; nous excepterons cependant le dernier hectare par la raison que sa récolte n'ayant été fauchée qu'en août le réensemencement occuperait cette portion de la sole jusqu'en fin d'octobre, et que, par suite, elle ne pourrait pas recevoir la préparation convenable pour la semaille du froment. Ce dernier hectare sera donc fumé et labouré en août après l'enlèvement du fourrage de première coupe.

Il est inutile de dire qu'au fur et à mesure de la consommation des fourrages de la deuxième coupe les terres seront labourées pour le froment.

Rien ne s'oppose donc, comme on le voit, à la culture des fourrages hâtifs sur jachère; ils peuvent être cultivés parce qu'il est démontré par l'expérience :

1° Qu'ils n'épuisent pas la terre;

2° Que leurs coupes successives s'harmonisent admirablement avec les besoins et l'ordre du labourage;

3° Que la méthode pratiquée sert d'une ma-

nière parfaite l'ameublissement, et, en particulier, le nettoiement des terres;

4° Que les fumures données au champ pour
chaque ensemencement fourrager, non-seulement le nettoient par l'éclosion et la destruction
à peu près simultanée des mauvaises herbes dont
le fumier portait la graine, mais qu'elles simpli-
fient, en outre, considérablement le travail des
semailles du froment puisque l'engrais est enfoui
et qu'on est en situation de semer à volonté.

Résumons-nous par un dernier coup d'œil sur
la production des fourrages que nous promet
l'application du système. En réduisant leur
rendement au terme le plus bas, nous comptons :

Pour la belle saison et à consommer en vert :

1° Un demi-hectare de raves fourragères;

2° Quatre charretées farouch;

3° Vingt charretées de fourrages hâtifs de
première récolte;

4° Quinze charretées de fourrages hâtifs de
deuxième récolte.

Pour l'hiver :

1° Douze charretées de trèfle sec;

2° Huit charretées de farouch sec;

3° Raves de première saison en quantité suffisante pour assurer la consommation profitable
de la paille;

4° Dépaissance précieuse et abondante pour
le menu bétail sur un hectare de trèfle.

Ajoutons pour mémoire les douze à quinze
charretées de foin que l'on récolte annuelle-

ment sur une métairie de la contenance de celle
dont il s'agit.

Au total, soixante-dix ou soixante-quinze charretées de matière alimentaire pour les bestiaux sur un domaine réduit aujourd'hui à la
simple et mince ressource de son foin. Soixante-
quinze charretées de fourrages dont la création
ne demande que de la bonne volonté et dont
l'existence annuelle serait un premier pas déci-
sif pour pénétrer dans la voie nouvelle.

Le système Déseymeris est déjà jugé. Révélé
par la science, il a reçu la sanction la plus complète de l'expérience; il a aujourd'hui toute la
valeur d'un immense bienfait pour l'agriculture,
en général, et plus particulièrement pour notre
agriculture à laquelle il offre des moyens simples et certains d'un progrès inespéré. Mais, il
faut bien le dire, appuyé qu'il est dans les mains
de l'auteur sur l'assolement biennal et les seuls
fourrages hâtifs, il ne pouvait pas se soustraire
à l'écueil d'une lacune, et tout en prodiguant
des subsistances fourragères à consommer en
vert, il est évidemment dans l'impossibilité de
fournir des subsistances fourragères en sec.
Avec l'assolement triennal, ce vide disparaît; le
trèfle sur froment, qui occupe sans inconvénient
le terrain durant deux années, et le farouch sur
maïs se chargent de le combler en fournissant à
l'exploitation, simultanément avec les raves, des
ressources abondantes pour toute la mauvaise
saison. D'ailleurs, dans mon opinion, le système
Déseymeris ne doit être considéré que comme

un système de transition destiné à préparer l'introduction à la grande culture fourragère par la
création d'un quatrième assolement. Quoique
système de transition, il vivra néanmoins toujours à côté de ce dernier terme du progrès pour
fournir durant toute la belle saison ses fourrages
verts à la ferme.

Oui, diront les hommes qui tiennent aux
vieilles idées ou ceux qui n'ont pas foi dans le
progrès, ce système fourrager est séduisant, et
les ressources qu'il promet à pleines mains élè-
veraient certainement fort haut le revenu de la
propriété; mais en pareille matière, il y a loin
des promesses au fait, et la déception manque
rarement de marcher à côté de la nouveauté.
J'accorde que la déception peut marcher à côté
de la nouveauté, lorsqu'il s'agit d'une théorie
hasardeuse, d'une théorie de cabinet; mais ici la
méthode proposée a fait ses preuves, elle n'est
que la systématisation d'un fait puisque les fourrages recommandés ont été déjà depuis longtemps
expérimentés même au milieu de nous, et que
les succès obtenus ne laissent aucun doute sur
les résultats. Que le cultivateur porte ses premiers soins et sur l'amélioration des fumiers de
parc et sur la création des composts, et il n'a d'autre déception à craindre que celle qui peut naître
des circonstances de temps; ce cas excepté,
les fumiers et les composts répondent de tout.

Je terminerai en allant au-devant de deux objections que je prévois.

Vous allez proposer un système fourrager

quelconque à tel cultivateur, il pensera comme
vous que la culture des fourrages est la seule
source de prospérité pour le capital foncier, mais
il ajoutera tout aussitôt qu'il a essayé de tout
dans l'espèce, que le trèfle, le sainfoin, le farouch, les raves, etc., ont constamment échoué
sur ses terres, et qu'ainsi il a acquis la certitude
que ses terres sont absolument impropres à la
culture fourragère. Je sais bien qu'il ne suffit
pas de jeter de la graine de trèfle, de farouch,
etc., pour avoir infailliblement de belles récoltes de fourrages; mais je sais aussi que dans ce
genre de culture plus que dans tout autre peut-
être l'échec provient plus des circonstances de
temps ou de la qualité de la semence, que de
l'impuissance du sol. Ainsi nous allons jeter du
trèfle sur froment ou dans les premiers jours de
novembre ou dans les premiers jours de mars,
comme cela se pratique. Si une pluie douce et
légère n'accompagne pas l'ensemencement pour
enfouir tant soit peu la graine, la graine reste à
découvert et sans protection contre l'action atmosphérique. Dans les premiers jours de novembre comme dans les premiers jours de mars,
si le temps est sec, il est ordinairement froid et
quelquefois même froid jusqu'à glace; or, si une
forte glace, ou une succession de petites glaces
surprennent notre graine de trèfle ainsi à découvert, et infailliblement dans un certain état de
ramollissement occasionné par l'humidité de la
saison, elles la pénètrent jusqu'au vif, elles en
flétrissent et dessèchent le germe, et le germe

ainsi frappé à mort, on ne peut espérer ni végétation, ni conséquemment récolte de trèfle. On
échoue également lorsque la graine est vieille,
car le germe est flétri aussi.

Maintenant nous allons jeter des raves et des
farouchs sur maïs. Cet ensemencement se pratique après le buttage, c'est-à-dire ordinairement vers la fin de juin ou le commencement
de juillet. Ici comme pour le trèfle, si une pluie
douce et légère n'accompagne pas l'ensemencement pour enfouir tant soit peu la graine, la
graine, comme dans le premier cas, reste à découvert et conséquemment sans protection contre l'action atmosphérique. Sous notre climat,
les chaleurs de juin et juillet sont brûlantes; or,
si la graine reste exposée à ces chaleurs pendant un certain nombre de jours, le germe est
desséché, calciné, et la récolte du farouch manque entièrement.

Ainsi, et je crois l'avoir démontré, les échecs
qu'on oppose n'ont aucune portée contre la culture des fourrages dans nos contrées, car on a
le droit de les attribuer aux circonstances de
temps ou à la qualité de la graine, et non à l'impuissance de nos terres.

On peut donc affirmer que lorsque l'ensemencement est bien rencontré, et que les plantes
fourragères sont favorisées surtout à l'époque
de leur développement par quelques pluies,
on peut affirmer, dis-je, que la récolte sera positivement bonne, sinon abondante. Du reste, j'ai
sous les yeux une petite luzernière établie sur le

terrain le plus froid, le plus pauvre que l'on puisse
imaginer, sur un terrain pur lanif, jamais
amendé; l'ensemencement en a été opéré dans
de bonnes conditions, le temps est venu à
souhait pour la végétation de la luzerne, et
ce terrain auquel on n'aurait pas osé confier
un grain de blé a donné jusqu'au 20 août deux
belles et bonnes coupes de fourrage.

Maintenant nous proposerons la méthode à
tel autre agriculteur; il en saisit parfaitement le
système, il en admet les immenses avantages,
mais selon lui elle est impraticable avec la sécheresse ordinaire de nos étés et la compacité
de nos terres qui se refusent au labour à jour
fixe. Je reconnais que nos terres sont difficiles
à ouvrir après de longues chaleurs, mais jé n'accorde cette difficulté que pour le premier labour
seulement. Pour les façons successives qu'exige
l'ensemencement Déseymeris, la résistance de
la terre est à peu près nulle, par le double motif que l'existence des plantes fourragères sur le
sol y entretient constamment un certain degré
de fraîcheur, et que de plus leurs nombreuses
racines le divisant à l'infini, le disposent favorablement à l'action de la charrue. Avec les
charrues en fer du nouveau modèle, nos terres
peuvent être toujours convenablement labourées, quelles que soient les chaleurs et la sécheresse de l'été. Du reste, pour conjurer les
effets de nos chaleurs, il n'y a qu'à labourer
profondément. Ayons donc de bonne graine,
de la graine fraîche, semons-la avec opportu-

nité, et le succès couronnera positivement nos travaux, si le temps nous vient en aide.

De la Culture du Trèfle ou du Sainfoin-Esparcette avec l'assolement triennal.

Nous venons de voir par quels moyens, décisivement consacrés par l'expérience, nous pouvons introduire la culture des fourrages de second ordre sur notre assolement triennal, et créer ainsi, quand nous le voudrons, des ressources importantes et encore à peu près inconnues dans nos contrées pour l'alimentation des bestiaux. Mais, il faut bien le dire, le système Déseymeris *seul*, bien que précieux à un degré qui le recommande puissamment, ne pourvoit pas à toutes les nécessités d'une bonne exploitation; il présente une lacune profonde et regrettable qui dénonce son insuffisance, et le premier coup d'œil suffit pour reconnaître que s'il prodigue des masses de subsistances à consommer en vert, il ne fournit pas le moindre brin à consommer en sec. Comme je l'ai déjà dit, il a indispensablement besoin pour se compléter jusqu'à un certain point de l'appui des prairies naturelles proprement dites et du farouch sur une grande échelle.

En face du vide qui se fait autour de lui, et dont le résultat immédiat peut être de suspendre le service fourrager dans la ferme pendant plusieurs mois de l'an et de compromettre ainsi la multiplication et l'élève du bétail sur le domaine, il devenait indispensable d'étudier de nouveau

l'assolement triennal, et de rechercher si avec
l'existence et la rotation de nos cultures actuelles, il ne serait pas possible d'introduire sur notre
jachère des plantes fourragères qui, en nous donnant autant de ressources à consommer en vert,
nous assureraient en même temps une alimentation abondante et continue à consommer en sec.
Cette solution ne paraît ni impossible, ni difficile, et le trèfle et le sainfoin-esparcette s'offrent pour la réaliser pleinement. Je donne la
préférence à l'esparcette, et, pour en dire la
raison, je transcrirai l'opinion du célèbre Valmont de Bomare sur cette plante fourragère de
premier ordre.

« Le sainfoin est ainsi appelé parce que c'est
» le plus appétissant, le plus nourrissant et le
» plus engraissant que l'on puisse donner aux
» chevaux et autres bestiaux : il donne aussi
» beaucoup de lait aux vaches........... Il
» faut en donner en petite quantité et préféra-
» blement en sec qu'en vert.
.... » Le sainfoin-esparcette est d'au-
» tant plus propre à faire des prairies artificielles
» qu'il réussit sans engrais sur toutes les espèces
» de terrain, et même dans les plus mauvais,
» pourvu qu'ils ne soient pas humides.........
» Lorsqu'il se trouve placé sur une terre légère,
» ni trop sèche ni trop humide, il est d'un très
» grand rapport.
.... » Le sainfoin ne craint point la sé-
» cheresse, et il réussit souvent lorsque toutes
» les espèces de foin manquent; il est suscep-

» tible de durer 30 ans sur les bons ter-
» rains.»

Telle est l'opinion de ce savant naturaliste sur
l'esparcette. Quelque puissante que soit cette
opinion, elle n'était pas cependant nécessaire
pour nous apprendre la valeur fourragère du
sainfoin, car peu de personnes ignorent qu'il
est cultivé avec un plein succès dans notre sud-
ouest. Ainsi, l'esparcette réussit très bien sur les
terres de qualité moyenne; il ne craint pas la
sécheresse; il donne d'abondantes coupes d'un
fourrage supérieur à tout autre; et ces avantages
qui s'identifient si bien avec nos besoins, sont,
je crois, plus que suffisants pour appeler sur lui
la préférence de nos cultivateurs. L'esparcette
n'est donc pas difficile: mais, quoique la richesse
du terrain ne soit pas une condition de succès,
il réussit mal sur les terres trop calcaires. Sur
un champ nouvellement marné ou sablé, le
succès ne serait pas douteux.

La plante ainsi trouvée, reste à faire connaître
le mode d'application au terrain. Pour rendre
l'opération plus claire et plus facilement intelli-
gible, je mettrai en regard deux tableaux représentant: l'un l'assolement triennal avec les simples cultures actuelles, l'autre l'assolement triennal occupé par ces mêmes cultures, plus la culture de l'esparcette sur jachère. J'indiquerai en
même temps les moyens de transition.

ROTATION
TRIENNALE
actuelle.

1	2	3
1850	1850	1850
B.	M.	J.
1851	1851	1851
M.	J.	B.
1852	1852	1852
J.	B.	M.

Tableau n° 1.

Abréviations :

B. Blé.

M. Maïs.

J Jachère.

S.-E. Sainfoin-Esparcette.

ROTATION
TRIENNALE
projetée.

1	2	3
1850	1850	1850
B.	S.-E.	M.
1851	1851	1851
S.-E.	M.	B.
1852	1852	1852
M.	B.	S.-E.

Tableau n° 2.

Ainsi que le représente le tableau n° 1, où j'ai exprimé l'ordre actuel de nos rotations, nous cultivons donc sur la sole n° 1.

Le blé en 1850.

Le maïs en 1851.

Jachère nue en 1852.

Mais, en cultivant le maïs en 1851 sur la sole qui a supporté le blé en 1850, il est évident que la culture du sainfoin est impossible, puisque le sainfoin, semé sur blé en 1850, ne peut donner ses coupes qu'en 1851; et ainsi, pour introduire ce fourrage sur jachère, nous devons commencer forcément par modifier l'ordre de nos rotations. Pour opérer cette modification, la sole qui est ensemencée en blé en 1850 ne supportera donc pas le maïs en 1851; elle sera occupée, durant 1851, par le sainfoin, et nous répèterons

le maïs en 1851 sur la sole où il a été cultivé en
1850, c'est-à-dire sur celle qui devait être en jachère nue; nous ferons, comme on dit dans le
pays, *maïs sur maïs* pour arriver à la rotation
nouvelle.

La rotation ainsi appropriée aux besoins du
nouveau mode d'exploitation, nous jetterons la
graine d'esparcette sur le froment de 1850, soit au
moment même des semailles en 1849, soit dans
la seconde quinzaine d'avril 1850. Le choix de
l'époque, comme aussi du moment pour cette
opération, est de la plus grande importance pour
le succès, et je renvoie aux observations consi-
gnées un peu plus haut à ce sujet. Je dirai seulement que, sur les terrains vifs, l'ensemencement
de l'esparcette a plus de chances de réussite en
fin d'octobre que sur les terrains froids, et que
réciproquement il a plus de chances en fin d'avril
sur les terrains froids que sur les terrains vifs;
la raison en est trop simple pour avoir besoin
d'être mise en relief.

Bien que ces deux époques assignées à l'ensemencement de la graine fourragère aient une
supériorité évidente sur toute autre, tant pour
l'économie de travail que pour l'entrée en jouissance du fourrage, cependant elles sont accom-
pagnées de circonstances de temps si susceptibles d'influer désastreusement sur le succès
de la récolte qu'avec nos terres et notre climat,
il paraîtrait plus prudent d'ensemencer l'esparcette dans la première quinzaine de septembre au plus tard; ainsi, nous romprons

donc le chaume à la première pluie qui suivra l'enlèvement de la gerbe. Ce labour pourra présenter quelques difficultés d'exécution sur les terres fortes, mais avec les nouvelles charrues on en viendra infailliblement à bout. Vers la fin d'août, nous transporterons les fumiers, nous les enfouirons par un second labour dans les premiers jours de septembre 1850, nous roulerons les terres, nous jetterons la graine et nous herserons avec une herse armée de pointes nombreuses et légères. Semée à cette époque, la graine germera dans les meilleures conditions avec la douce température de notre automne et les pluies fréquentes, mais passagères de cette belle saison. La jeune plante végètera promptement et vigoureusement; et lorsqu'arriveront les mauvais jours, elle se trouvera assez forte pour résister à la rigueur des froids. Il ne faut pas perdre de vue qu'il est essentiel que la sole soit disposée en plates-bandes de un mètre environ de largeur.

D'après l'ordre de notre nouveau système, nous culbuterons l'esparcette après la dernière coupe sur la sole n° 1, c'est-à-dire dans les derniers jours de septembre, si c'est possible, ou tout au moins dans les premiers jours d'octobre 1851; nous fumerons, nous labourerons de nouveau en avril 1852, et nous planterons le maïs.

Enfin, et immédiatement après la récolte du maïs, et même pour marcher plus vite, au fur et à mesure de son enlèvement, nous labourerons la sole, nous roulerons et nous herserons la terre, et nous ensemencerons le froment sans

fumier. Cette sole ayant reçu deux fortes fumu-
resconsécutives, l'une pour le sainfoin et l'autre
pour le maïs, se trouvera suffisamment amendée
pour recevoir l'ensemencement.

Je ne me dissimule pas que, l'ensemencement
du froment restant assujéti à l'enlèvement de
la récolte du maïs, il pourra résulter dans certaines circonstances de graves contrariétés de ce
mode de rotation; mais, pour rassurer nos agriculteurs sur ce point, je me hâte de faire observer que, dans presque tout le pays basque et la
partie du Béarn qui l'avoisine, on ne pratique
que l'assolement biennal, que les terres ne s'y
reposent jamais, que le maïs y succède annuellement au froment et le froment au maïs, et que,
malgré les inconvénients qui semblent insépara-
bles de cette rotation, le froment y est semé tous
les ans, et semé dans des conditions assez favorables pour donner de belles récoltes. Pour prévenir les dangers qu'on redoute, il suffit d'un
peu d'activité dans le travail.

Tel est le système qui s'offre théoriquement à
nous pour introduire la culture des fourrages
de premier ordre sur l'assolement triennal, avec
nos cultures actuelles. Bien compris et bien exécuté qu'il soit, il assurait de bonnes récoltes en
froment et en maïs, en même temps que cinquante ou soixante chars d'un fourrage excellent,
si toutefois la sole ensemencée était de quatre
hectares, comme je l'ai supposé plus haut.

Cultivons donc les fourrages, je veux le répéter à satiété; car ils sont la principale je dirai

même la seule source de vie et de prospérité
pour les terres. Cette vérité est, du reste, si
ancienne que nous la retrouvons dans tous les
temps, et qu'en particulier nous la voyons dominer sous le règne du prince le plus soucieux
du bien-être du peuple, car, sous Henri IV, le
ministre Sully répétait sans cesse aux cultivateurs que *pâturage* et labourage sont les deux
mamelles de l'Etat.

CHAPITRE VIII.

Des Prairies naturelles.

Les fourrages artificiels n'offrent pas seulement au propriétaire l'immense avantage d'entretenir de nombreux animaux sur le domaine et de pousser par suite à de bonnes récoltes par la masse des bons engrais; les fourrages artificiels développés qu'ils soient sur la plus grande échelle possible lui promettent, en outre, comme résultat assuré, de convertir un jour en revenu une grande partie des foins récoltés sur ses prairies naturelles. Personne n'ignore que les prairies représentent un capital élevé, et ce capital, nous pouvons le dire, est mort pour le propriétaire puisqu'il ne porte point de rente réelle, et que son produit est annuellement dépensé pour l'entretien des bêtes de travail. La prairie est donc évidemment nulle pour nous au point de vue de la rente, elle n'est qu'une terre d'adjonction comme la lande, elle n'est qu'un moyen pour faire valoir les autres terres, tandis qu'avec le système fourrager, elle est susceptible de fournir sa part de bien-être au cultivateur.

5

Cette assertion se démontre trop clairement
d'elle-même pour qu'il soit nécessaire d'en développer les preuves; cependant, pour lui donner l'autorité irrécusable d'un fait, je veux citer,
à ce sujet, les observations et les calculs de M.
Déseymeris : « Partout où l'agriculture est ar-
» riérée, dit-il, le prix des prairies naturelles est
» très élevé, et plus ce prix est élevé, plus le
» prix et la condition des terres de labour sont
» misérables. Dans le système de culture qui se
» conserve encore sur la plus grande partie de
» notre territoire comme tradition de vingt siè-
» cles d'expérience, la nourriture du bétail se
» fonde presque exclusivement sur le produit
» des prairies naturelles. Quel qu'ait pu être au-
» trefois le mérite de ce système pour des pays
» pauvres et fort peu peuplés, il a aujourd'hui,
» partout où il subsiste, ce résultat, que l'ex-
» ploitation d'une métairie de 15 à 16 hectares,
» par exemple, exigeant deux attelages et par
» conséquent le foin nécessaire pour les nourrir,
» le propriétaire d'un tel domaine abandonne
» annuellement cinq cents ou six cents francs,
» produit de ses prairies naturelles, pour avoir
» en fin d'année une moitié de récolte, laquelle
» ne vaut guère plus que n'eût valu le foin dont
» il a fait ainsi le sacrifice. »

Après ces simples considérations si judicieu-
ses et si pratiques à la fois, il n'est personne qui
ne comprenne que, si dans notre état actuel des
choses le produit des prairies naturelles doit
être indispensablement absorbé par les exigen-

ces de notre mode d'exploitation, ces mêmes
prairies, par le seul fait de l'introduction des
fourrages artificiels, deviendraient forcément
aussi un capital actif et productif des plus importants, soit que le foin fût vendu au dehors,
soit qu'il se consommât au dedans par du bétail
de rente. Et, qu'on le remarque bien, la culture
des fourrages ne se borne pas dans la question à
créer un revenu de plus par la vente du foin,
elle pousse en même temps à augmenter la production des prairies naturelles, car dès que les
bestiaux seront entretenus à l'étable, on n'aura
plus besoin de leur livrer la dépaissance des
prés, et cette dépaissance, rigoureusement sup-
primée, le cultivateur verra venir annuellement
une coupe de regain plus ou moins abondante
selon le régime de l'été, pour augmenter la provision des subsistances d'hiver.

Cependant, pénétrons-nous bien de l'idée que
la prairie, pour donner un revenu d'une influence réelle sur le bien-être, demande des soins et
un entretien soutenus, et ce n'est qu'à cette
condition seule qu'elle peut s'élever à la destination qui lui est promise par le nouvel ordre de
choses.

La Prairie et le Métayer.

J'ai choisi ce titre pour le présent chapitre
afin de porter l'attention sur l'état déplorable des
prés de nos métairies. Mettre fortement en relief
cet état ainsi que les conséquences, j'ose dire

funestes, qui en dérivent pour la propriété, m'a
paru un premier pas vers leur amélioration.

Un proverbe dit : qui a du foin a du pain; et
ce proverbe est rigoureusement vrai pour tout
homme qui le comprend dans toute sa portée.
En effet, avec du foin en abondance, premièrement les attelages sont bien nourris, et lorsqu'ils
sont bien nourris et bien soignés on peut en
exiger ce travail actif et soutenu qui conduit
aux bonnes récoltes; ensuite, on entretient
mieux l'autre bétail. Le métayer connaît ce proverbe, mais que fait-il pour avoir du foin? En-
trez dans les prés des métairies et vous serez
péniblement frappé de leur état d'abandon. Ici
ce sont de grands chênes ou autres arbres assis
sur les tertres de clôture qui les ombragent et
qui, en interceptant l'action solaire, les rendent
humides et contribuent ainsi à altérer la qualité
du foin; là ce sont les haies touffues et élevées
que l'on ne tond jamais, et qui rendent impossible la libre circulation de l'air si puissante sur
la végétation; celle-ci est ouverte de toutes parts
et sillonnée de nombreux sentiers; celle-là est
labourée par les porcs du voisinage et même
par ceux du métayer; partout les taupes exercent impunément les plus grands ravages; là
c'est le jonc, ici c'est la brande qui envahissent
à volonté des parcelles; en un mot, l'indifférence du plus grand nombre des métayers pour
les prairies va si loin qu'on aurait presque le
droit de dire qu'ils s'étudient à les détériorer, à
les ruiner. Et, du reste, que peuvent-ils faire de

plus que de les livrer au gros bétail lorsqu'elles sont fortement trempées! Ils n'ignorent pas, ils voient tous les jours que le piétinement des animaux, en crevassant la surface, enfouit le pied de l'herbe, creuse autant de trous pleins d'eau durant la moitié de l'an, et qu'ainsi la prairie se convertit promptement en marais bourbeux et improductif! N'importe, on l'a toujours fait, et il le fera.

Et aussi le foin manque dans la métairie pour entretenir convenablement les bêtes de travail, et il y est de mauvaise qualité.

J'entends dire souvent autour de moi que nous manquons de prairies..... que nos prairies sont de mauvaise qualité..... etc., etc. Moi je dis, au contraire : nous avons grandement assez de prairies, et si elles donnent peu de foin et d'une qualité médiocre, c'est notre faute et non la leur. Supposons pour un instant que le métayer a de tous les temps bien entretenu ses prairies, et j'entends par entretenir leur donner les simples soins de conservation; supposons qu'il les tient soigneusement closes afin que le bétail n'y entre que par sa volonté, et jamais quand elles sont trempées; qu'il les nettoie et les protége contre l'envahissement des mauvaises plantes; qu'il tond annuellement les haies pour les aérer en tous sens; qu'il fait une guerre incessante aux taupes et qu'il répand assidûment la terre des taupinières; supposons qu'il ouvre, selon les besoins, des canaux d'irrigation ou d'assainissement; qu'il comble les

flaches qui se produisent; supposons enfin qu'il
les arrose en temps utile, soit avec les bonnes
eaux de l'habitation, soit avec celles du ruisseau
si généreuses après les pluies qui suivent immédiatement les semailles du froment; avec de pa-
reils soins, qui ne demandent qu'un peu de dévoûment, la prairie du métayer aurait marché
de front avec ces bonnes prairies qu'on observe
chez les propriétaires qui cultivent eux-mêmes;
elle donnerait dix charretées de bon foin alors
qu'elle n'en donne que quatre ou cinq de mauvais, et nous aurions du foin en abondance et des
attelages capables de soutenir le travail le plus
rude et le plus laborieux.

De la Réparation des Prairies naturelles.

Nos prairies naturelles sont divisées en deux
classes bien distinctes, les prairies hautes et les
prairies basses.

Les prairies hautes, connues dans le pays sous
le nom de *hialé*, sont ordinairement situées près
de l'habitation et sur un versant quelconque; elles
reçoivent les eaux qui viennent de la maison
et du parc, et donnent une excellente qualité de
foin.

Les prairies basses, connues sous le nom de
jioules, sont situées dans les vallons, et bordées
par un ruisseau ou un petit cours d'eau quelconque qu'on utilise pour leur irrigation; elles
reçoivent aussi les eaux des terres en culture.
En général, ces prairies sont humides, le jonc

les infeste pour peu qu'on les néglige, et elles donnent presque toujours un foin grossier et souvent aigre.

Je viens d'indiquer dans l'article qui précède les soins d'entretien et de conservation que ré-clament indispensablement les prairies pour ne pas tomber dans un état complet de détériora-tion; mais, qu'on ne s'abuse pas, ces soins ne sauraient suffire pour obtenir toujours de bon-nes récoltes de foin. Les prairies vieillissent, se fatiguent et se lassent, et, comme les autres ter-res, elles exigent pour se soutenir d'être secou-rues par les engrais et les amendements. Elles vieillissent et se lassent si positivement que dans beaucoup de pays on les renouvelle périodique-ment et à des époques même assez rapprochées; ce renouvellement s'opère, soit par l'écobuage, soit par la mise en culture pendant quelque temps.

L'écobuage est une opération par laquelle on enlève la couche gazonnée des prairies sur une profondeur de un pouce environ, et qu'on brûle après dessiccation au soleil pour en répandre les cendres sur le sol; l'écobuage est une espèce d'in-cinération. On gratte ensuite la terre, si je puis m'exprimer ainsi, au moyen d'un hersage léger pratiqué en tous sens avec une herse à pointes nombreuses et menues, et on sème de la graine de foin à la première pluie douce. L'écobuage, lorsqu'il est bien fait, bien rencontré, assure de très bons résultats; mais il est d'une exécution très chanceuse, surtout avec les variations de

notre climat, il demande beaucoup de temps, et
il est conséquemment coûteux. De plus, il exige
des soins, et une spécialité de travail que la
plupart de nos ouvriers ne connaissent pas et
qu'ils atteindraient, je crois, très difficilement.

Le système du renouvellement des prairies
par la mise en culture peut rencontrer aussi de
grands obstacles et conduire même à des résultats très compromettants. La prairie ne s'im-
provise pas, et elle ne peut pas donner de bonnes
récoltes du jour au lendemain de l'*apradisse-
ment*. Si donc nous labourons deux hectares de
pré, donnant en moyenne douze chars de foin par
an, et si nous ne les remplaçons pas instantanément par deux autres hectares de même rapport,
il est clair que nous rompons l'équilibre entre la
consommation et la production, et que le domaine tombe dans l'état le plus dangereux de souffrance; il manque de ressources alimentaires
pour ses animaux. Dans les pays de plaine, je
conçois que le remplacement puisse être pratiqué avec avantage jusqu'à un certain point, parce
que là il est possible de créer des prairies à
peu près partout et promptement; mais dans
nos contrées où les terres sont généralement
accidentées et peu propres à cette destination,
surtout à cause des longues et brûlantes chaleurs
de l'été, le remplacement devient à peu près
impossible pour le plus grand nombre, et par
conséquent le renouvellement. D'ailleurs, et en
thèse générale, on ne peut, je crois, rationnellement recourir au renouvellement qui est un

moyen extrême, que lorsque la prairie est entièrement perdue et sans ressource.

J'ai dit que les prairies demandent à être soutenues, ranimées par des engrais ou des amendements. Avec des amendements ou des engrais,
non-seulement elles ne se lassent pas de produire, mais on peut dire même qu'elles produisent éternellement. Ce moyen est incontestablement le premier et le plus puissant pour
l'amélioration de la prairie; néanmoins il en est
un autre qui, quoique inférieur par son action,
ne reste pas que d'être très précieux; je veux
parler de l'irrigation. L'irrigation, en effet, est
parfaite pour la fécondation des prés, lorsqu'elle
est pratiquée avec intelligence et avec opportunité. Les eaux qui viennent de l'habitation, celles
qui tombent des champs immédiatement après
l'ensemencement des blés, sont notamment très
riches, et elles valent un engrais. Mais, pour
arroser efficacement, il ne suffit pas de faire
entrer l'eau dans la prairie; il faut la baigner sur
tous les points, comme il faut aussi que l'eau en
sorte aussitôt qu'elle y a déposé son limon. Si
elle y stagne, elle noie le sol et provoque la nais-
sance et le développement de ces plantes marécageuses qui la gâtent et finissent par la détruire.
Je ferai observer en passant qu'on doit soigneusement la protéger contre l'invasion des eaux
des landes, d'abord parce qu'elles sont sans
qualité, et surtout parce qu'elles apportent avec
elles des graines d'ajonc et de brande qui y ger-
ment tôt ou tard et l'infestent.

Pour que les irrigations soient profitables, il faut donc que la prairie soit baignée sur tous ses points. Lorsqu'une pente trop vive s'y opposera, on en divisera le terrain en plusieurs plans, au moyen de barrages ou petites terrasses à écluses; la hauteur de ces terrasses sera calculée par un coup de niveau, et on les construira par une ligne perpendiculaire à la ligne de la pente générale. Il faut aussi que la prairie se ressuie immédiatement après le dépôt du limon, et ce jeu des eaux tient à la bonne distribution et à l'intelligente construction des canaux d'irrigation. Je n'entrerai pas dans des détails à ce sujet; je dirai seulement que ces canaux doivent être dirigés de manière à porter des eaux partout, et à les reverser ensuite par des ramifications bien entendues dans un canal ou plusieurs canaux de plus grande dimension, chargés de les rejeter au dehors. Quant à leur mode de construction, je crois devoir faire observer que la forme actuelle que nous leur donnons en est essentiellement mauvaise, qu'elle répond très imparfaitement aux besoins, et qu'elle nuit même aux intérêts de la prairie plus qu'elle ne les sert. Nous creusons nos canaux carrément et sur une largeur de six à huit pouces : si nous les visitons après trois mois d'existence seulement, ils dénoncent eux-mêmes bien vite les vices de leur construction, car ils sont déjà obstrués soit par les terres que les gelées ou les pluies détachent insensiblement de leurs berges, soit par les terres soufflées par la taupe, soit enfin par la repousse de l'herbe; ils sont obstrués, et, par ce fait, ils sont nuisibles, car, dans cet état de choses, l'eau n'ayant pas un libre cours stagne, la prairie ne se ressuie pas, et le jonc pousse partout. Ces canaux doivent donc être supprimés pour faire place à des canaux ouverts d'après une forme mieux appropriée. La gondole appelle la préférence, d'abord parce qu'elle ne s'obstrue pas et qu'elle ne peut pas s'obstruer, et en second lieu parce qu'elle assure par l'évasement de ses bords la facile répartition des eaux d'irrigation sur toute la surface du terrain. Les gondoles d'irrigation doivent avoir quatre ou cinq pouces de profondeur sur quinze ou dix-huit pouces de largeur et être parfaitement arrondies à la base en forme de cuvette.

Mais autant le système des gondoles suffit à l'arrosement des prairies, autant il serait impuissant pour ressuyer et assainir celles qui par leur position sont humides ou marécageuses. Dans les prés de cette nature, on ne doit donc pas s'arrêter à des rigoles de quelques pouces de profondeur pour en obtenir l'assainissement, comme beaucoup de cultivateurs le pratiquent, mais procéder par le drainage comme nous l'indiquerons ci-après au chap. xiv.

Dire que le bon fumier, les cendres de bois et la suie sont de puissants agents pour la fécondation des prairies, c'est ne rien apprendre à personne, car il n'est pas un cultivateur qui ne sache que, s'il pouvait fumer son pré tous les ans, il obtiendrait d'énormes récoltes de foin.

Cependant, nous n'employons aucun de ces moyens, parce que nous n'avons pas des fumiers en quantité suffisante, que les cendres de bois sont rares et chères, et que dans nos campagnes la suie est nulle. Nous ne fumons jamais nos prairies, et néanmoins, là où les soins de conservation leur sont donnés, elles produisent de bonnes récoltes. Elles ne sont donc pas aussi mauvaises qu'on le dit !

Mais, si nous n'avons ni cendres, ni fumiers à donner à nos prairies, devons-nous donc renoncer à leur amélioration ? Je ne le pense pas, et, à défaut de ces agents spéciaux et d'une puissance incomparable, nous aurons encore recours à la marne et au sable vif qui s'offrent à nous avec leurs principes actifs pour les suppléer.

Et, en effet, quelles sont les causes de l'infertilité de nos prairies basses ? Nos prairies basses sont infertiles parce qu'elles sont humides et froides. Mais, pour combattre ces causes du mal, le sable vif nous vient merveilleusement en aide, car avec son carbonate de chaux il réchauffera le pré, et avec ses facultés absorbantes il l'assainira.

D'où vient l'infertilité de nos prairies hautes ? Nos prairies hautes produisent peu parce que, assises sur des terres maigres et en pente qui retiennent peu de fraîcheur, elles se trouvent privées des principaux éléments nécessaires à la végétation. Or, pour ces prairies, l'action de la marne ne peut que produire les meilleurs résultats, car par son carbonate de chaux elle réchauffera le sol, et lui apportera en même temps, par l'incorporation de son argile, cet élément de fraîcheur qui lui manque pour contre-balancer les effets de la sécheresse.

La marne et le sable vif s'appliquent donc admirablement à l'amélioration de nos prairies, et leur emploi est d'autant plus facile pour tous qu'il n'exige aucune avance d'argent. Mais, dira-t-on, comment pourrions-nous sabler ou marner nos prairies, lorsque nous n'arrivons qu'imparfaitement et toujours si difficilement à sabler ou marner nos champs? Je réponds à cette observation par l'adage que j'ai cité plus haut : *Qui a du foin a du pain*, et j'ajoute : lorsqu'un domaine est dans un état général et complet de détérioration, le premier intérêt du propriétaire est de remettre les prairies en valeur, parce que le premier besoin de la propriété est d'avoir des ressources alimentaires pour les bestiaux. Maintenant, considérant la question de plus haut, j'avance, et il ne serait pas difficile de le démontrer, que la prairie, à dix charretées de foin par hectare, donne en moyenne un revenu plus net et toujours plus sûr que le champ.

En résumé, la prairie naturelle pouvant devenir, lorsque nous le voudrons, un capital actif et productif de rente comme les autres terres, le cultivateur est intéressé à lui donner tous les soins qui peuvent conduire à d'abondantes récoltes de foin. Et ainsi, pour la disposer à une belle production, il doit :

1° La débarrasser de ces grands arbres assis

sur les tertres de clôture, qui l'ombragent pendant la belle saison et qui compromettent la qualité du foin. Les peupliers et les saules peuvent seuls y être tolérés;

2° Tondre annuellement les haies, afin que l'air y circule librement en tous sens, et qu'il la féconde et l'assainisse;

3° La tenir soigneusement close en tout temps afin d'en interdire l'entrée aux animaux, et ne la livrer à la dépaissance que lorsque le sol en est parfaitement sec et ferme;

4° La nettoyer avec soin et la protéger sans cesse contre l'invasion du jonc, de la brande, de la mousse et de toutes plantes qui finiraient par la dévorer;

5° Combler les flaches qui se produisent annuellement et la maintenir dans l'état le plus uni possible, afin que les eaux n'y croupissent pas;

6° La ressemer tous les ans sur les points où l'herbe s'affaiblit ou disparaît, et ramasser à cet effet toute la graine de foin que pourra fournir le fenil afin de la jeter en septembre ou premiers jours d'octobre;

7° Faire une guerre incessante aux taupes et répandre sur place, à l'instant même, la terre des taupinières;

8° Faire tous les travaux nécessaires selon un bon système de canaux pour favoriser l'irrigation et porter l'eau sur tous les points, comme aussi pour en assurer l'écoulement; se préparer, en temps utile, pour y conduire les eaux si pré-

cieuses qui tombent des champs après l'ensemencement du blé;

9° Surveiller et repousser les eaux des landes;

10° L'assainir, lorsqu'elle est humide et ma-
récageuse, par des drainages;

11° L'amender par des fumures ou par la cendre de bois, tous les trois ou quatre ans, si cela
se peut;

12° A défaut de fumier et de cendres, l'amender par le sable vif, si elle est humide ou ma-
récageuse, et par la marne, si elle est sèche et
maigre. La marne et le sable doivent être transportés à la fin de l'été et répandus au commencement de novembre, afin que l'action des pluies
de l'arrière-saison les incorpore insensiblement,
et qu'ainsi ils agissent sur la prochaine repousse
de l'herbe. Pour faciliter l'incorporation de la
marne, il sera bon, au fur et à mesure qu'on la
répandra, de l'émietter le plus possible.

Les composts de sable vif et de fumier assureraient de parfaits résultats sur les prairies
basses, comme les composts de fumier et de
marne en provoqueraient sur les prairies hautes.

CHAPITRE IX.

Du Labourage.

« Rien, peut-être, dit Leclerc-Thouin, n'indi-
» que mieux l'état prospère de l'agriculture d'une
» contrée que la perfection avec laquelle on y
» pratique les labours. Le sol le mieux amendé,
» le plus richement fumé répondrait mal aux es-
» pérances du cultivateur s'il n'était convenable-
» ment façonné pour les semences qui doivent
» lui être confiées. » Telle est l'opinion de Leclerc-Thouin sur l'importance du labourage, opinion qu'on retrouve, du reste, dans tous les
temps et dans tous les pays, et qui fait si pleinement autorité qu'il est admis aujourd'hui en
principe que bon labour vaut fumure; ce qui, en
d'autres termes, signifie que les bons labours
sont l'une des principales sources de prospérité
pour le sol.

Le labourage est donc de toutes les opérations
du travail agricole, j'ose dire, la plus importante;
mais, pour que le labour réalise les avantages
qu'il promet, il exige diverses conditions d'exécution dont on ne saurait trop se pénétrer, car

c'est à cet ensemble de conditions que tiennent ses bons effets sur le sol. Avant de pénétrer plus loin dans cette question fondamentale, je veux faire observer que le labourage n'a pas pour but unique, comme on le pense dans nos campagnes, de détruire les mauvaises plantes qui infestent le champ; il a ce but, sans doute; mais, qu'on le sache bien, son but essentiel est d'améliorer les terres en les disposant par le déchirement à recevoir l'action fécondante de l'atmosphère, et d'offrir en même temps aux plantes en culture une profondeur de terre remuée, proportionnée aux besoins de leur développement.

Les conditions premières d'un bon labour sont l'opportunité et la profondeur.

L'opportunité pour les labours consiste dans le choix du temps et dans l'état de convenance des terres. Le temps doit être beau pour labourer, c'est un précepte invariable; et plus le temps est beau pendant et immédiatement après le labour, mieux les terres se nettoient, et plus elles s'enrichissent.

Il faut donc labourer avec le beau temps, c'est une condition impérieuse pour la bonne préparation du sol; cependant le beau temps ne suffit pas pour faire un bon labour, il faut aussi, comme le disent nos cultivateurs, que les terres soient d'*œuvre*, c'est-à-dire qu'elles ne soient pas trempées. Rien, en effet, n'est plus nuisible qu'une façon donnée au sol lorsqu'il est humide avec excès. Pour faire bien saisir les graves et inévitables conséquences d'un labour fait dans ces conditions, supposons que les terres ainsi récemment labourées sont surprises par des pluies longues et abondantes. Il est évident que ces terres déjà chargées d'eau doivent se détremper et se ramollir de plus en plus; or, plus elles se détrempent, plus les sels et les sucs nourriciers qu'elles renferment se dissolvent, et plus ils sont en dissolution, plus ils sont affaiblis d'abord, et plus, en outre, ils sont à la merci des eaux qui s'en emparent et les emportent. Supposons, au contraire, qu'elles soient surprises par de fortes chaleurs; alors elles se contractent, elles durcissent parfois à l'égal de la pierre, et, dans cet état de pétrification, il est évident encore qu'elles deviennent impénétrables aux gaz atmosphériques, de qui elles attendent une part si précieuse de fécondation. Et remarquons bien qu'ainsi durcies elles peuvent devenir inattaquables par la charrue, et se trouver privées du labour suivant en temps utile.

Pratiqué avec le beau temps et lorsque les terres sont d'*œuvre*, le labour enrichit et féconde le sol en l'exposant à l'action vivifiante de l'atmosphère; fait dans des conditions contraires, il l'affaiblit, il l'énerve, et il contribue pour une grande part à son infécondité.

Je sais bien qu'on objectera que le cultivateur n'a pas la puissance de régler le temps selon ses besoins ou ses volontés, et que parfois il est forcé de marcher sans s'arrêter à telle ou telle autre considération; car il faut que les travaux se fassent; et qu'ils se fassent chacun en son temps, sous peine de compromettre l'ensemble des opérations. Sans doute, il faut que les travaux se fassent, et qu'ils se fassent, autant qu'il se peut, dans l'ordre qui leur est assigné par le service général de l'exploitation; mais en face de l'importance des labours, je réponds qu'il vaut mieux faire un labour de moins que de faire un mauvais labour.

Le labour doit être profond. Ce principe qui renferme, qui résume même les divers effets poursuivis par le labourage, puisqu'il embrasse en même temps et le premier besoin des plantes cultivées, et les moyens de nettoiement et de conservation que réclame le sol arable, ce principe, dis-je, n'est pas seulement méconnu, il est même généralement repoussé par nos travailleurs. La tradition routinière exerce encore un si grand empire dans nos contrées et particulièrement chez le métayer, qu'il n'admet le labour que tel que le pratiquaient ses pères, et qu'il ne comprend pas qu'on puisse labourer plus profondément sans anéantir le champ. Comme cette question est du plus grand intérêt et que sa discussion engage le combat contre l'un de nos préjugés les plus vivaces et les plus compromettants à la fois, je vais, pour marcher plus droit au but, la traiter par des rapprochements. Par ce moyen, je parlerai aux yeux en mettant en présence les faits qui appartiennent tant au labour superficiel qu'au labour profond, et je ferai toucher du doigt les conséquences sensibles et inévitables qui résultent de chacun des deux modes de labourage; on ne peut pas reculer devant la décision des faits.

Précisons d'abord quelle doit être la profondeur du labour. Pour déterminer ses véritables limites, nous n'avons pas, je crois, de guide plus sûr que le régime et les besoins des plantes en culture. Si donc nous jetons un coup d'œil d'observation sur le froment et le maïs, par exemple, nous constatons que leurs racines tendent naturellement à descendre, qu'elles atteignent une longueur moyenne de huit pouces au moins, et même fort au-delà dans les terrains profondément ameublis, et qu'enfin plus elles disposent d'une grande masse de terre remuée, plus les tiges qu'elles supportent sont fortes ou vigoureuses. Et maintenant, puisqu'il est bien reconnu que les racines de froment et de maïs tendent naturellement à descendre et que leur longueur moyenne est de huit pouces au moins, n'est-il pas matériellement évident que le labour, pour être en harmonie avec leurs besoins, doit être de huit pouces au moins de profondeur? Je dis de huit pouces; mais, comme il importe au développement des plantes que l'extrémité de leurs racines repose sur un terrain ameubli, nous pouvons fixer à dix pouces au moins la profondeur du labour pour le froment et le maïs; si nous cultivons du trèfle, sur froment, la profondeur doit être de quinze pouces.

Cette profondeur est donc rigoureusement exigée par les besoins observés du maïs et du froment; mais elle est exigée aussi, et non moins impérieusement, par les besoins qui naissent et du régime de notre climat et de la qualité comme de l'accidentation de nos terres. Nos terres sont généralement légères, d'un grain menu, et conséquemment spongieuses; nos étés sont ordinairement brûlants et tempérés seulement par de rares pluies d'orage qui ne font que passer; or, avec des terres légères mais fortement accidentées, et de longues sécheresses comme celles qui résultent du régime ordinaire de notre climat, il est encore matériellement évident que si le champ n'est pas labouré à une profondeur convenable, la couche arable se dessèche forcément aux premières chaleurs, et qu'ainsi desséchée dans toute son épaisseur, les plantes n'y trouvent que très incomplètement le degré soutenu de fraîcheur indispensable à leur développement et à leur fructification. Du reste, il ne saurait être douteux pour l'observateur que c'est à la superficialité de nos labours que nous devons en grande partie la médiocrité de nos récoltes, ainsi que nos échecs dans la culture des fourrages; car, lorsque les étés sont convenablement pluvieux, récoltes et fourrages réussissent parfaitement sur notre sol même le plus accidenté. Un labour rationnellement profond est donc de nécessité absolue dans toutes les situations; mais, plus les terres *sont en côte*, plus elles doivent être labourées profondément.

Maintenant que nous avons déterminé la profondeur rationnelle du labour par les indications des plantes, des terres et du climat, nous allons en appeler aux faits. Pour connaître leur témoi-

gnage et confirmer l'enseignement, nous supposerons qu'un cultivateur n'a labouré son champ
qu'à *quatre* ou *cinq pouces* de profondeur, comme cela se pratique parmi nous, quelles seront
les conséquences naturelles et forcées d'un pareil labour ?

Les terres n'ayant pas été labourées à la profondeur exigée par les besoins ci-dessus signalés,
il en résulte nécessairement et invariablement :

1º Que les racines et les radicelles des plantes,
ne pouvant pas plonger dans le sol au degré de
profondeur voulue par leurs besoins, sont forcées de se replier vers la surface, et de venir ainsi
s'exposer soit à l'excès du froid, soit à l'action
mortelle de nos brûlantes et longues chaleurs;

2º Que dans les temps de sécheresse en particulier, le peu d'épaisseur de la couche labourée
ne lui permettant pas de conserver le degré de
moiteur nécessaire dans sa partie inférieure, les
racines ne puisent aucun suc nourricier dans
cette terre pétrifiée, elles se flétrissent, sèchent,
et la plante languit ou meurt;

3º Que la masse de terre mise à la disposition
des plantes ne leur offrant pas des quantités
alimentaires proportionnées à leurs besoins,
elles souffrent la faim, si je puis m'exprimer
ainsi, et tombent dans l'impuissance d'atteindre
leur développement normal, et conséquemment
la force nécessaire à une riche production;

4º Que les mauvaises herbes n'ayant pas été
culbutées par la charrue ont survécu, repous-

sent, dominent les cultures, et portent des préjudices notables à la récolte;

5° Que les terres étant saturées dès les premières pluies, les eaux, dans les terrains accidentés, courent, ravinent, dénudent et emportent
au dehors les parties substantielles du sol; dans
les terrains planes, au contraire, où elles manquent d'écoulement, elles entretiennent une longue humidité qui noie les racines et énerve les
plantes.

En résumé : avec le labour superficiel, les
plantes manquent de l'alimentation nécessaire,
elles sont frappées dans leurs racines par les
excès du froid et du chaud; et ainsi forcément
conduites au rachitisme, les mauvaises herbes
occupent la place des plantes cultivées, et enfin
les terres sont sans protection contre le ravage
des eaux.

Supposons au contraire que ce propriétaire a
labouré ses terres à une profondeur bien entendue. Ici les faits changent, les conséquences se
modifient, et il résulte naturellement de ce labour :

1° Que les racines et radicelles ayant librement
plongé, trouvent dans la seule profondeur du sol
remué une protection efficace contre l'action du
froid et du chaud;

2° Que dans les temps de sécheresse en particulier, l'épaisseur de la couche labourée lui ayant
permis d'absorber une grande quantité d'eau,
elle conserve dans sa partie inférieure ce degré
de fraîcheur qui est la première condition de vie

pour les plantes, que la moiteur qui en résulte
tient les sucs nourriciers dans un état constant
de dissolution, que les racines y puisent alors
facilement une nutrition continue et abondante,
et qu'ainsi la plante marche au terme le plus
élevé du développement et de la production;

3° Que la masse de terre mise à la disposition
des plantes offrant des quantités alimentaires
proportionnées à leurs besoins, l'abondance
dont elles jouissent répond de leur force et de
leur rendement;

4° Que les mauvaises herbes ayant été culbutées par la charrue ont péri ou sont sans danger
pour la récolte;

5° Que les terres profondément remuées, ab-
sorbant une grande quantité d'eau avant d'en
être saturées, les eaux ne courent que dans des
cas tout à fait exceptionnels, et qu'ainsi les
terrains accidentés sont préservés, soit du ravinage, soit de la dénudation, qui leur enlèvent
leurs parties les plus substantielles; que, dans
les terrains planes, les eaux fusant à une grande
profondeur, l'excès de l'humidité n'énerve pas
la plante en noyant ses racines.

Le simple rapprochement de ces divers faits,
dont l'existence peut être vérifiée par tous, est
assez concluant, je crois, pour démontrer aux
cultivateurs même les plus prévenus, je ne dirai
pas la supériorité du labour profond sur le labour
superficiel, mais bien la rigoureuse nécessité
du labour profond; il en ressort clairement que
la profondeur dans les labours est une condi-

tion impérieusement imposée par les besoins observés des plantes, surtout avec nos terres et le régime de notre climat.

Mais, prenons bien garde : de ce que nous ne labourons aujourd'hui qu'à quatre ou cinq pouces, il ne s'ensuit pas que, dès demain, le labour doive être porté d'un seul jet de dix à douze; une pareille opération serait essentiellement compromettante. En procédant ainsi, en effet, on incorporerait subitement à la masse déjà cultivée une égale portion de terre qui n'a jamais vu l'air, une terre qui n'a jamais été préparée à la fécondité par le travail de l'homme, et il est inutile de dire que cette incorporation, faite dans de telles proportions, anéantirait inévitablement le champ pendant de longues années. Pour entrer dans la voie sans danger, l'approfondissement du labour doit donc être opéré graduellement; un pouce, deux pouces, selon la qualité du sous-sol, suffisent annuellement pour arriver en peu de temps et sans perturbation à la profondeur nécessaire.

Mais il y a un moyen simple et sûr d'approfondir la couche arable sans s'exposer à en altérer la qualité. Ce moyen, préférable à tout autre, et, du reste, connu de nos cultivateurs, consiste à faire marcher pour le *premier labour* l'*arrézéré* ou fouilleur, le fouilleur après la charrue. Le fouilleur remue la terre et ne la déplace pas. En la remuant, il l'ouvre à l'action quoique un peu éloignée de l'air, les pluies la pénètrent et lui incorporent insensiblement une part quelconque

de gaz atmosphériques, ainsi que de sels et sucs
enlevés à la couche supérieure; elle profite ainsi
durant une année des bénéfices de sa nouvelle
situation, et, au bout de l'an, elle peut être atta-
quée par la charrue et mêlée sans danger à
la masse cultivée. On continue jusqu'à la profondeur ambitionnée, mais au fur et à mesure
qu'on augmente l'épaisseur de la couche cultivable, on doit le plus possible augmenter les engrais
et les amendements dans la même proportion.
La transition s'opère alors sans secousse et
progressivement au profit des récoltes.

Maintenant que j'ai démontré par les faits la
nécessité du labour profond, les limites rationnelles de sa profondeur, et le moyen de le
pratiquer sans préjudice pour les récoltes, je
présenterai quelques considérations sur les époques les plus convenables à l'ouverture des
terres. J'ai dit dans l'introduction que le premier
soin du cultivateur doit être d'étudier et la
qualité de ses terres et le régime de son climat.
Cette étude est d'autant plus importante qu'on
ne peut pas douter que l'action climatérique
n'exerce une influence plus ou moins salutaire
ou nuisible sur le travail du sol, selon qu'on
sait la faire servir à ses divers besoins. Ainsi,
les agronomes sont unanimes pour préconiser
le labour d'hiver. J'accepte leur opinion en principe, et je reconnais, pour me servir d'un adage
populaire, que l'hiver est le meilleur laboureur;
mais, pour que l'hiver laboure bien, j'ajoute
qu'il doit être soutenu par un temps sec ou des

glaces fortes et de durée, ou par des neiges abondantes qui couvrent la terre pendant des mois entiers.

Les labours d'hiver conviennent donc parfaitement à l'ouverture des terres dans les pays froids; là, ils nettoient, ils divisent et ils fécondent le sol; là, ils le disposent admirablement en faveur des cultures. Mais, si les labours d'hiver donnent des résultats aussi précieux dans les contrées du Nord, s'ensuit-il qu'ils doivent réaliser les mêmes avantages dans nos contrées? Je ne le pense pas. Pour arriver à la démonstration pratique de cette assertion, consultons encore la qualité de nos terres et le régime de notre climat. Et d'abord, si nous jetons un coup d'œil sur nos terres, nous observons qu'elles sont généralement froides et légères, et j'ajoute accidentées; si nous étudions le régime de notre climat, nous constatons que nos hivers sont rarement froids jusqu'aux glaces, mais presque toujours pluvieux, même souvent jusqu'en avril. Nous avons donc des terres froides et légères et des hivers à peu près toujours pluvieux. Or, il suffit de mettre en regard ces deux vérités matérielles pour faire comprendre qu'en règle générale, le labourage d'hiver est pour nous une opération compromettante. En effet, en ouvrant les terres dans cette saison, nous les exposons inévitablement à l'action de pluies fréquentes pendant plusieurs mois, nous exposons des terres nativement froides et légères à l'action directe de pluies longues, froides et souvent gla-

ciales: or, la question ramenée à ces termes si
clairs, il devient superflu d'insister sur le préjudice que les labours d'hiver porteraient à ces
terres, car le plus simple bon sens saisit qu'elles
ne pourraient que se refroidir de plus en plus,
et conséquemment s'affaiblir et s'énerver à la
longue jusqu'à l'impuissance. Il y a plus encore:
ces longues pluies, tombant sur des terres en
pente fraîchement labourées, emporteraient,
comme je l'ai dit plus haut, les parties les plus
substantielles du sol et souvent le sol lui-même.

Dans ma manière d'apprécier les besoins du
sol cultivé en général, et celui de nos terres en
particulier, j'ai toujours pensé qu'il convenait de
pratiquer le premier labour sur les chaumes,
immédiatement après l'enlèvement de la gerbe.
Cette pratique est d'autant plus rationnelle que
si l'on admet, comme du reste c'est un principe
incontestable, que les terres s'améliorent par le
labourage, on ne peut pas se refuser à admettre
aussi qu'elles doivent souffrir du long état de
compression et de compactisation auquel les
ont portées les pluies et les chaleurs pendant
l'année d'occupation. Pour nous, qui cultivons
le maïs sur la sole du froment, cet état se pro-
longe bien au-delà d'une année, car le froment
étant semé en octobre 1848, par exemple, la terre
ne sera rouverte qu'en mars ou avril 1850; ce
qui constitue un laps de 17 ou 18 mois pendant
lesquels le sol aura été fermé à toute influence
atmosphérique.

Cet ensemble de considérations est de na-

ture à solliciter l'attention du cultivateur; elles
ont assez de portée pour l'éclairer sur le vice
de nos pratiques, et pour le déterminer à modifier son système de labourage, soit pour le mode,
soit pour les époques en usage. En ouvrant les
terres après la première pluie qui suit la moisson, comme je viens de le dire, on les dispose
en premier lieu à recevoir pendant plusieurs
mois avant la mauvaise saison les bienfaits du
contact de l'air; de plus, on prépare pour la
récolte qui doit suivre une amélioration précieuse par l'enfouissement du chaume et de toute
la matière végétale qui couvre le champ. Je me
résume : en labourant à l'époque indiquée, on
expose pendant plusieurs mois des plus beaux
de l'année la terre à l'action fertilisante de l'atmosphère, on enfouit dans son sein une masse
considérable de matière végétale, qui, en se dé-
composant, fournit un bon engrais, on nettoie
le champ, et, enfin, le sol arable n'a rien à redouter des pluies d'hiver parce qu'il a eu le temps
de se raffermir et de se fermer. Quant à l'ouverture de la jachère, les époques du labourage sont
tracées, pour ceux qui cultivent les fourrages,
d'après le système déjà exposé; pour ceux qui
ne les cultiveront pas, la qualité de nos terres
et le régime de notre climat enseignent clairement que l'ouverture de la jachère doit être ren-
voyée en fin d'avril ou commencement de mai.

Ici, je vois venir plusieurs objections :

En premier lieu, on objectera contre l'ouverture des chaumes la dureté des terres en juillet

et août. Je sais que cet état n'est pas toujours favorable au labour à cette époque; mais, de ce qu'il y a difficulté, il ne s'ensuit pas qu'il y ait impossibilité, et, si on a le soin d'écroûter le terrain à l'avance, avec les charrues en fer du nouveau modèle, on est toujours sûr d'arriver au labour, pour peu qu'on sache ou qu'on veuille saisir les circonstances de temps à leur passage.

On objectera ensuite qu'en retournant le chaume immédiatement après la récolte, on se prive d'une dépaissance, médiocre sans doute, mais néanmoins précieuse, pour faire sortir les brebis pendant l'hiver. Cette objection est sans portée : premièrement parce que cette dépaissance est nulle comme subsistance, secondement parce qu'à l'aide du labour en question, on peut lui substituer des ressources alimentaires bien autrement importantes pour le bétail. Supposons, en effet, qu'après avoir labouré le chaume, la sole soit ensemencée en fourrages hâtifs de Déseymeris; pour peu qu'ils réussissent, comme on a le droit de l'espérer, on obtiendra d'abord sur cette sole, aujourd'hui condamnée au repos jusqu'au maïs, une récolte fourragère qui pourvoira largement à l'entretien du bétail jusqu'en fin de novembre, dût-elle même être pacagée. De plus, l'herbe qui croîtra naturellement avec les fourrages assurera aux brebis durant la mauvaise saison une dépaissance bien plus abondante que celle des chaumes. Quant à ceux qui ne cultivéront pas les fourrages hâtifs, ils peuvent couvrir la sole de farouch tardif, et

préparer ainsi une dépaissance parfaite et des
plus abondantes pour le menu bétail en hiver.

Ces ensemencements sont, dans tous les cas,
d'autant mieux indiqués, que l'existence de ces
plantes protégerait les terres contre les ravages
des pluies d'hiver et faciliterait plus tard le labour.

On objectera enfin que pour les contrées où
l'on cultive le maïs et la vigne sur une grande
échelle, et qui se doivent conséquemment à des
travaux si nombreux et si pressants dès l'ouverture de la belle saison, ajourner le labour de la
jachère jusqu'en fin d'avril, c'est s'exposer, sous
notre climat, à ne pas labourer en temps utile
ou à labourer imparfaitement.

D'abord, je réponds, quant à la question du
travail en lui-même, que si l'on peut objecter
avec quelque raison que les travaux du printemps sont nombreux et urgents dans nos contrées, on doit accorder qu'en compensation les
journées, à cette époque, sont longues et favorables en tous points; que, par suite, le cultivateur dévoué et diligent peut rendre beaucoup
d'ouvrage et ainsi faire marcher de front toutes
ses diverses opérations, pour peu que le temps
lui vienne en aide. Et, en effet, jetons un coup
d'œil sur l'ensemble des travaux dont il s'agit
pour une métairie de huit hectolitres de semence, comme nous l'avons établi : nous trouvons
quatre hectares de terre à labourer pour le maïs,
quatre hectares de jachère et quatre hectares de
vigne environ; en tout, douze hectares. Pour faire

face à ce travail, nous disposons dans une semblable métairie de deux forts attelages et souvent d'une paire de vaches d'adjonction, que l'on attelle au besoin; nous disposons aussi de trois hommes capables de tenir la charrue. Je veux consigner ici en passant que je ne comprends pas que sur une exploitation bien organisée, il n'existe pas en tout temps un attelage de relais, une paire de fortes vaches, tant pour l'associer au travail dans des moments d'urgence que pour remplacer l'attelage tombé malade. Nous avons donc douze hectares de terre à labourer, à partir du 15 mars à peu près jusqu'en fin d'avril, c'est-à-dire dans l'espace de quarante-cinq à cinquante jours. Mais, avec deux bons attelages seulement, douze hectares de labourage n'exigent que vingt-quatre jours de travail au plus, car nous savons tous qu'en moyenne un bouvier tant soit peu diligent ouvre un quart d'hectare de terre par jour, et qu'il peut aller à trente ares, si le terrain est d'œuvre. Avec deux attelages, les douze hectares à labourer ne demandent donc que vingt ou vingt-quatre jours de travail, et, si nous avons les vaches dont j'ai parlé plus haut, nous labourons en moins de quinze. Ainsi, d'après ces calculs dont l'exactitude est certifiée par la pratique, on voit qu'on peut ajourner l'ouverture de la jachère jusqu'en fin d'avril, sans compromettre le régime des travaux, et qu'il y a du temps pour tout. Il ne s'agit que de le bien employer.

Avec la culture des fourrages hâtifs sur ja-

6

chère, les difficultés sont moindres encore, et
l'ensemble des travaux ne peut pas rencontrer
d'obstacles.

Quant aux embarras que peut susciter le régime de notre climat, je sais que, les chaleurs
s'ouvrant pour nous ordinairement dans les premiers jours de mai, et le plus souvent avec force
et constance, il pourrait arriver que l'ouverture
de la jachère rencontrât quelque difficulté; mais
cette difficulté ne saurait être assez puissante
pour forcer à l'ajournement indéfini du premier
labour. Et d'abord, qu'on veuille bien observer
que notre jachère est la sole qui a supporté le
maïs, que cette culture a donné lieu à diverses
façons de hersage, de sarclage et de buttage,
qui se sont prolongées jusqu'en fin de juin et
souvent plus tard; que ces diverses façons, en
tenant, comme on le dit, les terres *en l'air*, rendent leur compactisation plus lente et moins
complète, et qu'ainsi, conservant dans cette situation plus de fraîcheur que les autres terres,
elles doivent être moins difficilement attaqua-
bles par la charrue. Du reste, si l'on craint que
la dureté des terres s'oppose ou nuise au premier labour de la jachère, on peut prévenir
tout obstacle en écroûtant en avril; les terres
écroûtées se trouvent placées dans les meilleures
conditions pour absorber beaucoup d'eau à la
première pluie, et faire ainsi une provision suffisante d'humidité dans toute la couche, pour
assurer l'accès de la charrue plus tard. Je répète,
en finissant, qu'avec les charrues en fer de la

nouvelle école, le labour ne peut pas rencontrer des impossibilités réelles d'exécution.

Opportunité et profondeur sont donc la base essentielle du labourage, et il n'y a point de bon labour sans ces deux conditions; il n'y a point de bon labour, pour nous particulièrement, avec la qualité de nos terres et le régime de notre climat.

Le *bien labourer* et le bien-fumer, dit Olivier de Serres, c'est tout le secret de l'agriculture. Que nos cultivateurs se pénètrent de cet enseignement, qu'ils commencent par le *bien labourer*, et les bonnes récoltes ne se feront pas longtemps attendre.

Du Hersage.

Si le labourage occupe le premier rang dans le nombre des travaux agricoles, nous avons le droit de dire que, par son importance, le hersage est appelé à occuper le second; et cependant, si nous jetons un coup d'œil sur la manière dont on y procède au milieu de nous, nous sommes forcés de reconnaître que la grande part d'action qu'il est appelé à exercer sur le succès des cultures est ou ignorée, ou entièrement incomprise de nos cultivateurs en général.

Le hersage est une opération qui a pour objet d'ameublir toute la couche labourée, afin que les plantes puissent s'y établir à l'aise et selon toutes les conditions les plus favorables à leur existence et à leur développement. Exposer ce but du hersage suffit pour faire comprendre que

plus la terre est profondément et bien ameublie,
plus elle est convenablement façonnée, pour
recevoir les semences, et servir les intérêts de
la végétation. Du reste, encore ici les plantes
font connaître leur volonté à ce sujet, et leurs
besoins, interprétés d'après leur régime souterrain, nous l'apprennent avec la plus grande
clarté. En effet, supposons, comme le pratique
le plus grand nombre, que nous n'avons hersé
le champ qu'après le dernier labour, au moment
même d'y jeter la semence, et que nous n'avons
ameubli le sol qu'à un travers de doigt de la
surface: Que résultera-t-il de cette préparation?
Les grosses mottes étant restées intactes, telles qu'elles ont été retournées par la charrue,
il en résultera inévitablement que les jeunes
racines des plantes iront se heurter, au début,
à ces mottes compactes qui leur barreront le
passage; qu'au lieu de plonger dans le sol, elles
se replieront forcément vers sa partie supérieure, et qu'ainsi elles se trouveront exposées
aux rigueurs des saisons. J'ai démontré à l'article des labours les résultats désastreux de
cette marche rétrograde et contre nature, et je
crois inutile de répéter qu'elle conduit inévitablement les plantes au dépérissement et à l'impuissance.

La terre, pour être bien préparée, doit être
ameublie dans toute la profondeur du labour;
cette condition est essentielle et même indispensable au succès des cultures, car, par l'ameublissement général seulement, les plantes peu-

vent prendre possession de toute la couche,
leurs racines peuvent y voyager librement et en
tous sens, et y puiser une alimentation suffisante pour assurer une bonne fructification. La
masse tout entière doit donc être divisée, émiettée, bien ameublie, mais, qu'on y prenne garde,
jamais jusqu'à la pulvérisation; car la pulvérisation, en subdivisant le grain à l'infini, livrerait
les terres sans défense aux ravages des eaux
dans les situations accidentées, en même temps
que, dans toutes les situations, elle les dispose-
rait à se compactiser avec excès aux premières
chaleurs qui suivraient une pluie.

Mais cet ameublissement de la couche entière
ne saurait s'obtenir par un seul hersage, quelque
énergique qu'on puisse le supposer; et alors,
puisqu'il en faut plusieurs, ils doivent marcher
dans l'ordre des labours. Ainsi, lorsqu'après
avoir procédé au labour d'ouverture, le moment approche d'effectuer le deuxième labour
de préparation, on doit saisir avec empressement la première circonstance de temps favorable et faire un bon hersage, un hersage qui
émiette aussi profondément que possible la partie supérieure du sol; par le labour qui suit,
cette terre, déjà divisée et bien ameublie, passe
dans la couche inférieure et va en former la
base. Avant de procéder au troisième labour, on
herse encore, et successivement jusqu'au hersage qui précède immédiatement l'ensemencement. Par cette alternation de la charrue et de
la herse, l'ameublissement de la couche est intégral et parfait.

Du Roulage des Terres.

Le roulage des terres est une opération à peu près inusitée chez nous; nos laboureurs sont généralement persuadés qu'elle n'a d'utilité ou de nécessité réelle que pour le brisement des mottes sur les terres de forte consistance. C'est une grave erreur que de restreindre ainsi l'action du rouleau, lorsqu'au contraire son action est très étendue. Le rouleau est destiné à rendre les plus grands services pour la bonne préparation du sol en général, et en particulier avec nos terres légères et accidentées, et notre climat.

Dans nos contrées, les labours et les hersages d'été rencontrent à peu près annuellement de grandes difficultés d'exécution et parfois même insurmontables. Ces difficultés résultent de ce que nos terres, une fois trempées, sont disposées par leur nature à se compactiser jusqu'à une extrême dureté sous nos chaleurs presque tropicales. Les façons sont forcément ajournées alors, et les terres restent en souffrance, soit par l'irrégularité des labours, soit par le plombage qui les prive de l'influence bienfaisante de l'air.

Pour peu que l'on se rende compte de la puissance que le rouleau tire naturellement et de son poids et de son mode d'action sur les terres, on doit facilement admettre qu'il est propre à atténuer les difficultés du travail et à rendre conséquemment le labourage et le hersage as-

sez parfaitement praticables en tout temps; et
en effet :

S'agit-il, un mois après le labour, d'ameublir
une terre dure et hérissée de grosses mottes ou
tranches qui repoussent la herse? Le rouleau
aplanit la difficulté; car, au moyen de son poids
et de son mouvement de rotation, il émeut et il
ébranle d'abord toute la couche labourée, et
avec les pointes de fer dont il peut être armé, il
perce, il rompt et il divise ensuite le sol à plusieurs pouces de la surface, et prépare ainsi un
accès facile à la herse.

S'agit-il encore de faire un second labour sur
des terres plombées ou durcies par une longue
sécheresse? Le rouleau, par la pression qu'exerce
son énorme poids et la puissance qu'il retire de
son mouvement de rotation, ébranle et fendille
la masse déjà remuée une première fois, et les
terres ainsi ébranlées et fendillées deviennent
accessibles à la charrue.

Ainsi, le rouleau est un auxiliaire puissant de
la charrue et de la herse, et un auxiliaire d'autant plus précieux pour nous qu'avec son secours, et quel que soit l'état de nos terres, nous
pouvons, à peu d'exceptions près, leur donner
régulièrement les façons et les conduire à une
bonne préparation.

Mais le rouleau ne se borne pas à ce rôle important; il est de plus destiné, précédé qu'il soit
d'un labour croisé, à unir et à plomber les terres, et cette triple action, il l'exerce à la fois.

Le parfait aplanissement des terres est une

condition essentielle pour la perfection de l'ensemencement. Cette assertion se démontre
d'elle-même, et l'œil le moins agriculteur saisit
que, si la surface du champ n'est pas unie, si elle
présente à tout pas des bosses et des dépres-
sions, le semeur le plus intelligent et le plus
expérimenté ne parviendra jamais à répartir la
semence d'une manière égale et uniforme; et
alors la graine roule des points élevés du sol
pour s'agglomérer dans les points déprimés;
elle s'y entasse; les tiges, s'y trouvant plus tard
trop serrées, se nuisent, y souffrent, et de là
ces récoltes médiocres qui résultent d'un ensemencement mal exécuté.

Le plombage du sol, au moment de l'ensemencement, est encore d'une nécessité tout aussi
importante, surtout dans les contrées accidentées et à terres légères. Pour en faire comprendre
matériellement les raisons, prenons le champ
au moment où l'on va lui confier la semence. Si
les terres ont été bien travaillées, bien prépa-
rées, elles sont profondément remuées, profondément ameublies, nous les trouvons *en l'air*,
comme on le dit dans le pays. Mais ces terres
ainsi *en l'air* sont dans des conditions qui peuvent avoir des conséquences très préjudiciables, et, en effet : si après les semailles de fortes pluies se déclarent, ces terres ne présentant
et ne pouvant présenter aucune résistance aux
eaux sont inévitablement ravinées et emportées
au-dehors; si, au contraire, des chaleurs dura-
bles surviennent, le libre parcours que leurs

galeries souterraines offrent aux insectes rongeurs et destructeurs expose les germes aux ravages les plus compromettants pour la récolte.

Remarquons bien que le roulage des terres s'applique plus avantageusement aux terres à maïs qui supportent une culture d'été et sarclée qu'aux terres à froment, par le double motif que, dans le printemps, les insectes fourmillent, et que les pluies d'orage tombent par torrents. Il est, dans tous les cas, indispensablement nécessaire sur les terres accidentées.

De la Charrue, de la Herse et du Rouleau.

La charrue, la herse et le rouleau sont les principaux instruments employés à la préparation des terres; mais, pour bien préparer les terres, il ne suffit pas d'avoir charrue, herse et rouleau, il faut avoir de bonnes charrues, de bonnes herses et de bons rouleaux.

On n'a qu'à jeter un coup d'œil sur ces divers instruments dans nos exploitations pour reconnaître que, par leur faiblesse comme par l'imperfection de leur construction, ils sont absolument impropres à fournir un bon travail; et leur impuissance frappe bien plus sensiblement encore lorsqu'on considère l'immense perfectionnement apporté de nos jours aux outils aratoires en général.

Et, d'abord, pour ce qui est de notre charrue, nous n'entrerons pas dans la discussion théorique de sa construction, mais, pour en

montrer l'impuissance, nous la mettrons à l'œuvre afin d'apprécier sa valeur par la manière dont
elle fonctionne. Nous allons donc prendre la charrue du pays, non pas la charrue du métayer qui
est ce que l'on peut imaginer de plus imparfait
dans l'espèce, mais nous prendrons la charrue du
propriétaire aisé qui laboure lui-même; nous la
laisserons dans sa main expérimentée, et nous
l'appliquerons à l'ouverture des terres dans les
conditions ordinaires de notre sol et de notre
climat. Quels sont les faits qui s'offriront à l'observation? Nous remarquerons:

1º Que l'entrure de la charrue n'est que de
quatre pouces de profondeur environ, et souvent
moins encore pour peu que les terrains soient
forts ou desséchés;

2º Que le labour est irrégulier, inégal, parce
que la faiblesse de la charrue ne lui permettant
pas de vaincre les obstacles ou la résistance
qu'elle rencontre dans le sol inférieur, elle s'arrête, refuse et s'enlève à tout pas;

3º Qu'entre deux traits contigus du labour, il
reste dans cette partie même inférieure du sol
une langue de terre de forme prismatique inatta-
quée par la charrue, et que cette lacune réduit
d'un dixième environ la masse mise en apparence
à la disposition des plantes en culture;

4º Que la tranche est mal retournée, et qu'elle
exige pour ne pas retomber incessamment dans
la raie, d'être soutenue ou repoussée par le pied
du laboureur; que de plus la tranche ne recevant
qu'une faible impulsion du versoir reste en-

tière souvent sur plusieurs pieds de longueur;

5° Enfin, que la charrue impose de grandes fatigues au laboureur, et une bien plus grande fatigue encore aux attelages pour peu que les terres soient dures ou herbues.

Maintenant que nous avons exposé les faits qui résultent du labourage avec nos charrues, mettons en regard de ces faits ceux qui résultent du labourage avec la charrue ordinaire de la nouvelle école. Prenons une de ces charrue soit Dombasle, soit Grangé, soit Lacroix; appliquons-la à l'ouverture des terres dans les mêmes conditions que ci-dessus, et observons les faits. Nous remarquons :

1° Que dans les terrains de consistance moyenne, la charrue en fer, par la seule puissance qu'elle tire et de son poids et de son système de construction, laboure naturellement à une profondeur de six pouces au moins;

2° Que son degré d'entrure étant fixé par un régulateur, elle est susceptible d'approfondir le labour à huit pouces et même au-delà, et qu'elle laboure à une profondeur toujours égale et uniforme, sans jamais être déviée et enlevée par les obstacles qu'elle peut rencontrer dans le sol;

3° Que la configuration du versoir en est si bien entendue qu'il retourne la tranche avec une rare perfection et toujours en brisant la terre; on pourrait dire qu'elle laboure et qu'elle herse à la fois;

4° Que la forme ingénieuse du soc répond si avantageusement aux intérêts du labour qu'avec

l'aide du coutre il creuse carrément la raie avec
la même pureté que la pelle-fer;

5° Enfin, que la charrue nouvelle exige com-
parativement si peu de fatigue, tant pour l'homme
que pour l'attelage, qu'une fois plongée dans le
sol, le laboureur la suit parfois durant tout un
trait, en tenant tout simplement l'un des man-
cherons du bout des doigts.

Je rappellerai ici, à ce sujet, que, dans un
concours qui eut lieu à Eauze en 1842, et auquel
prirent part les charrues confectionnées d'après
les divers systèmes adoptés dans le département, il fut reconnu, à l'aide du dynamomètre,
que, toutes circonstances égales d'ailleurs, la
charrue en fer de la nouvelle école exige une
force de tirage moindre de 1⁄4 que les diverses
charrues du pays, en même temps qu'elle laboure
à 1⁄3 de profondeur de plus.

Après avoir mis en regard les faits qui résultent du fonctionnement des deux charrues, si
nous remontons aux principes du labourage,
nous sommes forcément conduits à reconnaître
que nos charrues ne peuvent convenablement
remplir aucune des conditions essentielles qu'il
exige; que, par suite, le labour qui occupe la
première place dans les travaux agricoles est
imparfait et sans valeur chez nous; que nos terres sont conséquemment mal façonnées, et que
cette imperfection dans la préparation du champ
exerce nécessairement une influence préjudiciable sur nos récoltes.

Après la charrue vient la herse. Ici il serait

tout à fait superflu de recourir à la démonstration pour prouver, je ne dirai pas l'insuffisance
de nos herses, mais bien leur nullité. Quels services, en effet, peut attendre le cultivateur pour
l'ameublissement de ses terres, d'un pareil instrument de travail sans poids et armé seulement de
quelques dents en bois émoussées et vacillantes?
Évidemment aucun, et on a le droit de dire qu'avec
de pareilles herses, le hersage n'existe que de
nom. Cependant, ou le parfait ameublement des
terres est indispensable au succès des cultures,
ou il ne l'est pas. S'il l'est, comme on ne saurait
valablement le contester, nos herses doivent être
immédiatement réformées, et remplacées par la
nouvelle herse à dents de fer en forme de coutre,
et d'un poids suffisant pour en assurer l'action.
Avec ce nouvel instrument, on fait à volonté des
hersages profonds ou légers, selon que la pointe
des dents marche la première, ou qu'on lui
donne une direction en sens contraire; avec ce
système, la terre ne peut qu'être fortement divisée
et ameublie, et arriver à l'état de préparation le
plus satisfaisant pour recevoir les semences qui
vont lui être confiées.

Quant au rouleau, comme il a la double destination d'être l'auxiliaire et de la herse et de
la charrue, c'est-à-dire de déchirer le sol, de
l'ébranler et de le plomber, nous en distingue-
rons deux systèmes, le rouleau à pointes pour
le premier cas et le rouleau simple pour le
second.

Il serait difficile d'assigner le poids du rou-

leau; il se modifie selon la friabilité ou la téna-
cité du sol sur lequel il doit agir. Néanmoins il
ne faut pas perdre de vue que, puisant une
grande partie de sa force dans son poids, il est
nécessaire que le rouleau soit toujours pesant.
Il ne faut pas perdre de vue non plus qu'à poids
égal, un rouleau court est plus énergique qu'un
rouleau long, par la raison qu'il porte sur un
moins grand nombre de points à la fois et par
conséquent plus efficacement.

Sur la plupart de nos terres, le rouleau en
bois dur et de forte dimension pourrait suffire;
mais le rouleau en pierre est préférable en général à tout autre.

Il est des pays où les rouleaux sont creux;
on les construit au moyen de madriers de plusieurs pouces d'épaisseur en bon bois de chêne
et à la *manière des futailles*, sauf à réserver rigoureusement la forme cylindrique. Lorsqu'on
veut s'en servir, on introduit au-dedans des
pierres ou des cailloux pour lui donner le poids
qu'on juge nécessaire aux besoins du fonctionnement.

JE ME RÉSUME.

Nous venons d'étudier les diverses opérations
par lesquelles on travaille les terres, nous avons
démontré pratiquement l'influence que l'ensemble de ces opérations est susceptible d'exercer
sur la production, et il résulte rigoureusement
de l'enseignement des faits, qu'il n'y a pas de
prospérité possible en agriculture sans la bonne

préparation du sol. Non, je le répète, il n'y a
pas de prospérité possible sans cette condition,
c'est une vérité qu'il est du plus grand intérêt
de proclamer fort haut, et il faut que nos cultivateurs se pénètrent bien de cette pensée qu'ils
auraient beau marner, sabler et fumer leurs
champs, ils ne leur donneront que des récoltes
relativement médiocres si préalablement ils n'ont
été bien labourés, bien hersés, en un mot fa-
çonnés avec toute la perfection désirable. *Bon
labour vaut fumure.* Qu'on réfléchisse bien à
cet adage qui est depuis des siècles dans la
bouche de tous les agriculteurs, qu'on le médite
atttentivement, car on ne peut rien ajouter à
l'idée qu'il donne de l'importance du labourage
pour la fécondation des terres; j'ajoute qu'il a
le droit de faire autorité par son origine: il est
né de l'expérience et du temps.

CHAPITRE X.

—

De la Fumure des Terres.

Nous avons vu au chapitre 1er que l'humus entre dans la composition d'un sol riche pour 1|10 et pour 1|20 seulement dans un sol de bonne qualité. Bien que cette proportion puisse au premier coup d'œil paraître peu considérable, néanmoins elle suffit pour assurer une belle production; il y a plus, on rencontre peu de terrains aussi heureusement dotés dans nos départements, et si l'on excepte les plaines de la Garonne, du Gers, de la Save et de l'Adour où l'on peut observer des parcelles plus favorisées, on en trouve à tout pas où la quantité d'humus descend infiniment au-dessous du vingtième.

J'ai déjà dit que l'humus est le résidu de la décomposition de la matière animale et végétale; ainsi l'humus est simplement et pratiquement le fumier, puisque le fumier lui aussi n'est que le résidu de ces mêmes matières. J'ai dit aussi que le fumier passe annuellement dans la formation organique des plantes pour une part relative assez notable. Comme à la longue cette dépense épuiserait évidemment les terres, il s'ensuit que pour entretenir l'équilibre, c'est-à-dire leur fécondité, il a fallu de toute rigueur donner annuellement du fumier au champ.

Nous avons assez de cette simple observation pour faire comprendre pourquoi les terres demandent à être fumées, et pour démontrer que si le champ doit infailliblement s'apauvrir lorsqu'il manque de fumier et de bon fumier, en revanche il doit donner de belles récoltes et même en donner tous les ans, lorsqu'il est largement fumé.

Le fumier est donc l'âme de l'agriculture, puisque le sol lui doit sa richesse; avec le fumier, le cultivateur peut tout, sans fumier il ne peut rien; mais pour qu'il exerce toute sa puissance d'action, il ne suffit pas qu'il abonde dans la ferme, il faut qu'il abonde, oui, mais il faut en même temps, comme je l'ai déjà dit, qu'il conserve jusqu'au bout toutes ses qualités fécondantes si l'on veut qu'il tienne les promesses brillantes qu'il fait au travail.

Je dirai en terminant avec Caton : bien cultiver, c'est bien *fumer* et bien labourer. Dans un des chapitres qui précèdent, j'ai exposé les moyens propres à améliorer et augmenter considérablement nos engrais ; pratiquons ces moyens, les bonnes fumures nous deviendront faciles, et les bonnes fumures d'accord avec les bons labours élèveront bientôt nos terres au degré le plus satisfaisant de prospérité.

De l'Enfouissement du fumier avant l'ensemencement.

J'ai appelé successivement l'attention sur les divers moyens de conservation que demandent les fumiers. En traitant cette question importante : 1° j'ai signalé le vice de nos pratiques, au sujet du transport de l'engrais sur le champ, quinze jours et souvent même un mois avant l'ensemencement; 2° j'ai démontré les graves conséquences qu'exerce sur les récoltes son emploi direct à la surface du sol; si donc, en premier lieu, il est du plus grand intérêt de conserver aux engrais toutes leurs qualités fécondantes avant l'emploi, il est tout aussi important que par le mode d'emploi ils soient disposés dans le sol de manière à fournir aux plantes une alimentation graduée et continue depuis la germination jusqu'à la fructification. Je vais encore en appeler aux faits pour faire voir que l'enfouissement du fumier en temps utile garantit les meilleurs effets sous ce double rapport.

Pour arriver à une démonstration concluante en faveur de l'enfouissement du fumier, nous n'avons pas de chemin plus sûr que de mettre en relief les résultats produits par la pratique contraire généralement en usage dans nos contrées; je commencerai donc par le simple exposé de nos opérations pour l'ensemencement. Vers le 15 octobre et souvent plus tôt, nous transportons le fumier sur le champ où il est réparti en petits tas ou *moundouils*; ensuite, et au fur à mesure de l'ensemencement, nous étendons le fumier sur la surface du terrain; nous jetons la semence et nous la recouvrons de la terre du sillon, souvent à moins d'un pouce de profondeur.

Telles sont nos pratiques pour l'ensemencement du blé.

Comme on le voit, le fumier reste à la surface du sol et la semence est enfouie au milieu du fumier. Si nous apprécions cette manière d'opérer du point de vue le plus rapproché, il est évident que la graine ne peut pas être placée dans des conditions plus favorables; car, grâce au fumier dont elle est enveloppée de tous côtés, elle ne peut que germer admirablement; et, ainsi, les blés doivent être forcément beaux pendant les premiers mois, même sur les terres médiocres.

Maintenant, portons nos regards plus en avant, et, pour bien juger la valeur de la pratique qui nous occupe, suivons pas à pas la marche de ces mêmes blés si beaux et si vigoureux au début. Transportons-nous au printemps, à cette époque où les plantes sortant de leur long sommeil d'hiver entrent dans la période de progression et de développement : ici la déception commence, nos blés ne tiennent pas leurs promesses, et la cause en est facile à saisir. Semés au milieu du fumier, leur germination a été vigoureuse et elle devait l'être; mais, au fur et à mesure que le temps a marché, leurs racines ont plongé dans la terre; plus elles ont plongé, plus elles se sont éloignées de cette couche d'en-

grais où elles puisaient une alimentation substantielle si abondante; et quand enfin est venu
le grand travail de la fructification, comme elles
ne disposaient dans la partie inférieure du sol
que d'une terre incapable de fournir aux grands
besoins du moment, ces blés si beaux en herbe,
ces blés qui promettaient une si belle récolte
n'ont donné que de cinq à sept pour un de la
semence alors qu'on croyait pouvoir compter
sur neuf ou dix.

Si en présence de ces faits, dont le témoignage seul suffirait à la démonstration, nous
supposons que le fumier a été enfoui par le troisième labour de préparation, les faits qui se
produisent viennent compléter la preuve et la
rendre irrécusable. En enfouissant, en effet, le
fumier par le troisième labour et toujours au
fur et à mesure du transport sur le champ, nous
l'établissons d'abord dans toute l'épaisseur de
la couche cultivée et par bandes verticales du
sommet à la base entre chaque trait de charrue;
plus tard nous le reprenons en sous-œuvre par
un labour croisé qui le divise; enfin, par des
hersages profonds et en tous sens, qui suivent
le labour, nous arrivons à le répartir dans toute
la masse d'une manière uniforme et à le mélanger parfaitement avec le sol. Ainsi enfoui au
fur et à mesure du transport, le fumier se trouve
en premier lieu dans les meilleures conditions
d'énergie et de durée, puisqu'il n'a point souf-
fert, puisqu'il n'a point été affaibli par le lavage
ou l'évaporation; échelonné comme il l'est sur

toute la route que doivent parcourir les racines, il assure naturellement aux plantes une alimentation continue, et toujours égale jusqu'au bout; et alors, à la place de ces blés toujours beaux au début, mais qui plus tard manquent forcément à leurs promesses faute de subsistance, nous obtenons des blés marchant d'un pas égal et satisfaisant depuis la germination jusqu'à la fructification.

Je sais bien que l'on objectera :

1° Que nos pratiques pour la fumure et l'ensemencement des blés sont loin d'être aussi compromettantes que je le signale, et que si les fumiers sont délayés par les pluies qui accompagnent ordinairement l'arrière-saison, les substances grasses et salines qu'ils renferment se dissolvent, fusent, plongent insensiblement dans toute la profondeur du sol, et assurent ainsi une nutrition graduée et continue à la plante. Cette objection est fondée jusqu'à un certain point sur les terres planes où les eaux pluviales s'écoulent lentement et sans dommage; mais sur les terres accidentées, les pluies, loin d'exercer l'action favorable qu'on leur attribue, en exercent, au contraire, une diamétralement opposée, car si les eaux délaient les parties essentielles de l'engrais, nous savons aussi qu'elles les entraînent au dehors dans leur fuite. Du reste, ce dernier fait n'est que trop réel, et les actes mêmes de nos cultivateurs le confirment de la manière la plus positive; si, comme ils le disent, les substances les plus

précieuses de l'engrais fusent et plongent dans
le sol aux premières pluies, pourquoi met-
traient-ils tous leurs soins à recueillir pour
leurs prairies les premières eaux qui tombent
d'un champ immédiatement après la semaille
du blé? N'est-ce pas, je le leur demande, parce
qu'ils sont pleinement convaincus que ces eaux
se sont puissamment enrichies aux dépens du
fumier ?

2º Que les belles récoltes que l'on observe
chez quelques cultivateurs qui procèdent à la
fumure des terres d'après les usages du pays,
sont un témoignage concluant contre la dépré-
ciation de ces usages. Je réponds que ces belles
récoltes sont une exception qui dépend ou de
l'heureuse situation de leurs terres, ou de la
perfection de leur travail. Je dis de la situation
de leurs terres parce qu'il est reconnu que le
champ plainier qui ne perd rien garantit des
rendements qu'on ne saurait attendre du champ
fortement accidenté à qui les eaux enlèvent
annuellement une grande part des agents de
fécondation qu'il reçoit. Je dis de la perfection
de leur travail, car nous savons tous que ces
cultivateurs travaillent soigneusement leurs terres, qu'ils les amendent richement et qu'ils les
fument largement pour le maïs comme pour le
blé; or, avec des terres ainsi heureusement
situées et aussi bien entretenues de longue
main, doit-on s'étonner de voir chez eux une
belle production! Ces exceptions ne sont donc
pas une arme contre l'enfouissement de l'engrais.

Du reste, que l'on ne pense pas que l'enfouissement du fumier par le second ou troisième labour de préparation soit une opération nouvelle et sans sanction de l'expérience; elle est, au contraire, en usage, de temps immémorial, dans les pays les mieux cultivés et elle y produit les meilleurs effets. Il y a plus, et il est à remarquer que les avantages de cette pratique ont été compris, on pourrait peut-être même dire devinés par de simples laboureurs de nos contrées; il y a cette différence dans la manière d'opérer, qu'au lieu d'enfouir le fumier par un bon labour ordinaire, ils se contentent de le recouvrir par un léger labour croisé quelque temps avant l'ensemencement. Ce *traversage* du fumier, comme on l'appelle dans le pays, tel qu'il s'effectue, est sans doute un premier pas dans la voie, néanmoins, il est doublement incomplet; d'abord, parce qu'il ne porte pas la matière alimentaire à la profondeur où descendent les racines, et en second lieu, parce que le fumier n'étant qu'imparfaitement recouvert reste longtemps à la merci ou des dernières chaleurs qui le dessèchent, ou des premières pluies qui l'affaiblissent.

J'ajoute aux diverses considérations qui précèdent : 1° Qu'en enfouissant le fumier au fur et à mesure du transport sur le champ, on complète les soins de conservation qu'il exige pour arriver au sol avec la plénitude de ses qualités; 2° qu'en l'enfouissant par le second labour de préparation, on réunit le triple avantage de voir

germer les mauvaises graines assez à temps
pour culbuter par les dernières façons les mauvaises plantes qu'elles engendrent; de nettoyer
conséquemment le champ avec toute la perfection désirable avant la semaille du blé; d'être
enfin en situation de procéder à l'ensemencement quand on veut, et avec toute la promptitude que demande cette opération sous notre
climat.

Méthode pour apprécier la quantité des fumiers disponibles et les répartir également sur toute l'étendue du champ.

Tous les cultivateurs fument leur champ : les
fumiers se préparent durant l'année, et quand
vient le moment des semailles, on en fait emploi. Mais cet emploi, comment se fait-il? A-t-il
ses règles, et une appréciation inexacte de l'engrais disponible ne peut-elle pas arriver et conduire dans la fumure à une lacune évidemment
toujours nuisible à la récolte?

L'expérience a enseigné que pour fumer convenablement nos terres, il faut leur donner un
char de fumier *par late*, ou, en d'autres termes,
trente mètres cubes par hectare. Peu de propriétaires créent des fumiers en surabondance,
heureux quand ils ont le nécessaire; il n'y a
pas de métayer qui le fournisse à son champ.
D'ailleurs, avec le système de nos parcs, la quantité de l'engrais produit dans l'an varie pour
tous selon que les étés sont plus ou moins secs,
car lorsque règne une longue sécheresse, la

thuie donnée en litière en dehors des étables
manquant d'humidité ne se décompose pas, ne
pourrit pas, et le fumier diminue.

Mais si la quantité de fumier est susceptible
de varier, la contenance du champ à ensemencer ne varie pas, et alors, en face de son champ
et de la pile de fumier disponible, comment le
cultivateur résoudra-t-il la question de savoir
combien de chars il peut donner par hectare?
Sera-ce à l'œil? Mais l'œil, quelque bien exercé
qu'on le suppose, peut tromper, et il trompe si
positivement même les plus habiles, qu'il n'est
pas rare de voir qu'après avoir commencé par
une fumure large, qu'on a d'abord crue possible,
on a manqué de fumier pour une portion plus
ou moins considérable de la sole.

Il suffit de signaler l'existence plus ou moins
fréquente d'un pareil fait pour en faire comprendre la gravité. — Il est certain que sans fumier
nos terres ne peuvent donner que des récoltes
au rabais, et puisque l'œil, puisque l'expérience
sont loin d'être infaillibles pour l'appréciation,
nous devons demander au calcul les moyens
sûrs et précis dont il dispose, soit pour déterminer exactement la quantité des fumiers disponibles dans la ferme, soit pour les distribuer
également sur le champ. Je vais en poser le problème, il est à la portée de tous les hommes
tant soit peu lettrés, et n'exige pour sa solution
que quelques notions mathématiques très élémentaires.

Supposons que nous avons une pile de fumier

qui, à l'état rassis, présente les dimensions suivantes, savoir :

Longueur............... 6 mètres.
Largueur............... 6 mètres.
Hauteur ou épaisseur..... 2 mètres.

Il s'agit d'abord de connaître le nombre de
mètres cubes de fumier qui composent cette
pile. Pour obtenir le volume d'un corps de cette
forme, on multiplie d'abord la longueur par la
largeur pour en avoir la base en mètres carrés;
cette base connue, on multiplie le nombre de
mètres carrés obtenus par la hauteur ou l'épaisseur pour avoir son volume en mètres cubes.
Ainsi, nous multiplierons 6 par 6 dont le produit 36 est l'expression de la base en mètres
carrés, et ces 36 mètres carrés multipliés par
les 2 mètres de hauteur nous donneront pour
produit 72 qui est l'expression du volume de la
pile en mètres cubes.

Nous disposons donc de 72 mètres cubes de
fumier pour la sole à ensemencer en froment,
et si maintenant nous divisons ce nombre 72 par
le nombre d'hectares de cette sole, soit 3 hectares, nous connaîtrons exactement et rigoureusement le nombre de mètres cubes de fumier à
donner au champ par hectare : 72 divisé par 3
donne 24 pour quotient. Nous avons 24 mètres cubes ou charretées de fumier à donner
par hectare. Je dis mètres cubes ou charretées
parce que des expériences faites ont constaté
que la charrette de fumier telle qu'on la fait
parmi nous est égale au mètre cube.

Mais ce n'est pas tout que de connaître le nombre des mètres cubes à donner par hectare, il faut encore en régler le mode de répartition sur le terrain afin de ne pas s'exposer à donner trop ou trop peu. Pour résoudre cette seconde partie du problème, nous commencerons par fixer la base du calcul, nous dirons :

1° Nous disposons de 24 mètres cubes de fumier par hectare;

2° Une bonne fumure demande 30 mètres cubes par hectare;

3° A 30 mètres cubes par hectare, le mètre cube doit être divisé sur le champ en douze tas ou *moundouils.*

Ces trois points ainsi déterminés nous fournissent les trois premiers termes de la proportion géométrique à l'aide de laquelle nous arriverons à préciser exactement le nombre de tas à faire par mètre cube pour fumer également le champ à raison de vingt-quatre mètres cubes par hectare. Posons donc la proportion ainsi qu'il suit : 288 tas représentant 24 mètres cubes de fumier à raison de 12 tas par mètre cube, sont à 360 tas représentant 30 mètres cubes de fumier à raison de 12 tas par mètre cube, comme 12 tas, représentant un mètre cube, sont à un quatrième terme x encore inconnu, ci :

$$288 : 360 :: 12 : X = 15.$$

Dans toute proportion géométrique, le produit des extrêmes est égal à celui des moyens. Si donc nous multiplions 360 par 12 et que nous divisions le produit par **288**, nous obtenons le quatrième terme de la proportion qui est **15**. Ce terme nous fait connaître que si avec **30** mètres cubes de fumier à donner par hectare, le mètre cube doit être divisé en **12** tas pour fumer également et uniformément tous les points, ce même mètre cube doit être divisé en **15** tas quand on ne dispose que de vingt-quatre mètres de fumier par hectare.

Ces calculs sont simples, et ils donnent des moyens sûrs et précis pour évaluer exactement la quantité des fumiers disponibles de l'année ainsi que pour en faire la répartition égale sur les terres. Ces calculs, tout propriétaire tant soit peu lettré peut les faire aisément, et j'ajoute qu'il doit se donner la peine de les faire chez ses métayers, s'il veut voir disparaître ces erreurs d'appréciation qui nuisent si gravement aux récoltes.

CHAPITRE XI.

Du Choix des Semences.

Si d'un côté la bonne préparation des terres et leur fumure intelligente préparent des chances peu douteuses de succès, d'un autre la qualité des semences exerce une grande influence sur la beauté des récoltes. Pour obtenir une bonne production, il ne suffit pas de jeter de la graine sur un champ d'ailleurs bien façonné, il faut encore que cette graine soit bien conditionnée, qu'elle soit saine, je dirai même qu'elle soit robuste; en un mot, il faut semer le plus beau grain; s'il en est autrement, on s'expose positivement à n'avoir même sur les bonnes terres qu'une germination faible et des plantes sans vigueur. Il faut de plus que la semence soit scrupuleusement et soigneusement dégagée de toute graine étrangère, telles que l'ivraie, la folle-avoine, etc., etc. Si elle n'est pas parfaitement propre, les mauvaises plantes prennent la place du bon grain, la récolte est médiocre et sale, et le champ infesté.

On ne saurait donc apporter trop de soins dans

le choix du grain de semence. Pour être facile,
ce choix doit être fait lorsque les blés sont encore sur pied, et il va sans dire qu'on se fixe sur
la parcelle du champ qui présente à l'aspect la
moisson la plus pure et les épis les plus vigoureux. Cependant, quelle que soit la belle apparence de cette moisson, il ne faut pas croire que
le grain de ses gerbes soit totalement sans re-
proche, il y a partout des épis grêles et mal con-
ditionnés dont le fruit doit être écarté; partout
aussi il y a plus ou moins de mauvaises plantes
dont la graine doit être rigoureusement repoussée. Ainsi, pour que la semence réunisse les
diverses conditions exigées, elle doit être purgée
des grains rabougris, malades et conséquemment
impuissants, comme aussi de l'ivraie, folle-
avoine, vesce noire, etc., etc., qui salissent et
détériorent les plus belles qualités de blé.

Si, comme il arrive quelquefois, la récolte
entière est altérée par le charbon, la rouille,
si l'épi est chétif, mal venu, on doit chercher
la semence ailleurs. Ici, le choix n'est pas indif-
férent non plus, et, pour prévenir des mécomptes, il est avantageux de se fixer toujours sur
des blés provenant d'une terre de même qualité,
et mieux encore d'une qualité inférieure à la
terre à ensemencer; l'expérience a démontré que
le grain venu d'un sol riche réussissait incomplètement sur un sol médiocre. Il y a des propriétaires qui changent leurs semences tous les
trois ans, et cette pratique est même recomman-
dée par quelques agronomes estimés. J'avoue

que je n'en saisis pas le motif, et je ne comprends la nécessité de ce renouvellement que lorsque le grain de la ferme est de mauvaise qualité.

Lorsque les gerbes choisies pour fournir la semence sont battues, il faut avant de procéder au nettoiement en faire sécher le grain le plus parfaitement possible, et, pour cela, il suffira de l'exposer pendant plusieurs jours au soleil immédiatement après le battage. Lorsque le grain est bien sec, on le crible avec tout le soin désirable, et si, après l'avoir criblé, on remarque que la qualité laisse encore à désirer, on le soumet au lavage. Le lavage est le moyen le plus sûr et le plus direct pour purifier complètement les semences : par l'immersion, tout ce qu'il y a à peu près de grains vides, tarés et sans valeur, surnage et vient s'exposer à l'écumoire; par le mouvement de rotation imprimé au crible, les grains qui s'étaient dérobés sont forcés de remonter à la surface de l'eau et sont rejetés au-dehors. L'opération du lavage demande une promptitude soutenue, car il est bon d'en abréger autant qu'on le peut la durée. On comprend que plus le grain reste dans l'eau, plus il s'imprègne d'humidité, que plus il est humide, plus il pèse et il plonge, et que dans ce dernier cas il est clair que le nettoiement se trouve compromis dans sa perfection.

Les semences doivent être lavées dans les premiers jours d'août, afin de profiter du soleil d'été pour les sécher. Je fais observer ici que, comme le grain s'est imprégné d'humidité par le lavage,

7

il pourrait devenir nuisible pour le germe de
l'exposer immédiatement et directement à nos
chaleurs brûlantes en sortant du cuvier. Aussi,
au fur et à mesure que le lavage s'effectue, on
mettra successivement le grain lavé à égoutter
dans une corbeille suspendue à côté de l'ouvrier;
ensuite on le répandra sur des nappes à l'ombre
et à l'air libre, sous un hangar, par exemple; on
le remuera en tous sens pour faire évaporer
l'eau le plus promptement possible; et lorsqu'enfin il paraîtra convenablement sec, on l'ex-
posera encore, comme il a été dit plus haut,
pendant plusieurs jours consécutifs, au soleil.

Ce que je dis du choix de la semence pour le
froment s'applique également au maïs; le maïs
comme le froment exige de beau grain pour semence, du grain bien conditionné, du grain de
choix. Pour obtenir cette perfection de qualité,
on prend simplement dans la pile les épis les
plus beaux, on les égraine, et ensuite on trie
la semence à la main en écartant avec le plus
grand soin les grains suspects.

Je termine en faisant observer que les semences doivent toujours être prises sur la dernière
récolte; il pourrait y avoir du danger à semer du
grain vieux, par le motif que le germe en est
souvent altéré ou desséché par le temps. Il
en est du reste ainsi pour toutes les graines destinées à la reproduction, il faut qu'elles soient
fraîches ou de l'année. Cette condition est encore peut-être plus impérieuse pour les graines
fourragères que pour le blé et le maïs, et, comme

je l'ai dit ailleurs, les échecs que nous comptons dans la culture des fourrages appartiennent plus à la semence surannée achetée au commerce qu'à l'impuissance de nos terres. Pour prémunir nos cultivateurs contre toute erreur à ce sujet, j'avertis que ce qui distingue la graine nouvelle de trèfle, luzerne, etc., etc., de la vieille graine, c'est sa couleur jaune et légèrement verdâtre. Plus elle verdoie à l'œil, plus elle est fraîche; plus au contraire sa couleur jaune est foncée, rousse, plus elle est vieille et conséquemment de mauvaise qualité. J'avertis encore que la fraude est parvenue à donner cette couleur verdâtre à la vieille graine; pour se mettre à l'abri de toute surprise à cet égard, il n'y a qu'à mettre une poignée de graine dans un linge blanc. Si, après un frottement de quelques minutes, la couleur dépose sur le linge, la graine a subi la préparation frauduleuse.

De la Préparation de la Semence du Blé au moment de l'emploi.

Après le choix des semences vient leur préparation au moment de l'emploi. Beaucoup de personnes, je crois pouvoir le dire, se méprennent sur le but réel de cette préparation; peu d'entr'elles se rendent compte du genre d'action des moyens employés; toutes obéissent aveuglément en général à un usage légué par la tradition, et quelques-unes même à des préjugés superstitieux. Ainsi, pour préparer le blé de semences, les uns le chaulent, les autres le vitriolent; ceux-ci y mêlent quelques atomes d'arsenic, ceux-là le saupoudrent de cendres de sarments *brûlés le soir de la Saint-Jean;* et demandez-leur le résultat qu'ils en attendent, ils vous répondront qu'ils préparent ainsi leur froment pour conjurer le charbon.

Conjurer le charbon est donc le but poursuivi, et la chaux, le vitriol, etc., etc., sont le moyen. Mais pour prévenir un mal quelconque, il faut, ce semble, préalablement connaître sa cause, et si je ne me trompe, la cause du charbon est encore inconnue. Le charbon est une maladie du grain qui empoisonne la récolte; dans sa marche irrégulière, elle envahit tel champ et ne se montre pas dans le champ voisin; elle sévit aujourd'hui sur tel domaine ou telle contrée, et n'y reparaît plus de longues années. Tous les agriculteurs ont pu faire ces observations: mais cette maladie où a-t-elle son principe, est-il dans le sein même du grain de blé, provient-il accidentellement d'une influence atmosphérique, est-il enfin dans les molécules de terrain occupé par la plante? Personne, du moins que je sache, ne l'a démontré; jusqu'ici nous n'avons que des conjectures à ce sujet. Et alors si les causes qui produisent le charbon restent impénétrablement cachées, comment peut-on vouloir les combattre avec succès? Leclerc Thouin soupçonne, il est vrai, que le charbon est engendré par *des poussières globuliformes* qui existent à la surface du grain de blé; mais soupçonner n'est pas prouver, et malgré l'autorité de ce savant agronome, l'obs-

curité règne encore entière sur cette importante
question.

Que l'on y réfléchisse bien; la préparation de
la semence par la chaux, le vitriol, la cendre,
ne peut pas avoir rationnellement de valeur
comme antidote du charbon; cependant, elle
n'en est pas moins une opération intelligente
et essentiellement avantageuse à l'intérêt des
récoltes. Agissant par les stimulants sur le
grain de blé, cette préparation, en effet, en
active l'éclosion et la germination; elle assure
à la plante un degré salutaire de chaleur au
début de la vie, elle la dispose à la vigueur,
et la protége ainsi contre les premières épreu-
ves de l'atmosphère et les maladies qui peuvent
en être la suite. Considérée sous ce point de
vue, on pourrait, il est vrai, admettre jusqu'à un
certain point qu'elle est susceptible d'exercer
une influence quelconque contre le charbon;
mais cette influence ne caractérise pas la spécialité qu'on lui attribue, elle serait tout au plus
l'une des conséquences de l'action fortifiante de
la chaux sur les premiers travaux de la reproduction, et non, comme on le croit, un antidote.

Le chaulage, le vitriolage des semences est,
je le répète, une opération bonne et bien entendue en général, et pour nous en particulier,
elle est précieuse, indispensable même avec nos
terres nativement froides et les pluies qui accompagnent si souvent sous notre climat l'ensemencement des blés. Nous avons besoin d'agir par
les stimulants, afin d'aider à la prompte éclosion

du grain et à la marche rapide des premiers pas de la germination. Avec des terrains vifs, je considère la préparation comme inutile en signalant en même temps qu'elle pourrait devenir compromettante. Dans ces terrains, le calcaire qui existe naturellement dans le sol suffit aux premiers besoins de la semence.

Mais pour préparer la semence, à quel agent donnerons-nous la préférence? Sera-ce à la chaux, au vitriol, à la cendre de bois et mieux encore de sarments? Dans mon opinion, la chaux mérite la préférence : 1° Par son énergie; 2° par la facilité de l'opération soit qu'on procède par aspersion ou par immersion; 3° enfin, par la manière dont elle adhère au grain et l'enveloppe.

Pour chauler par aspersion, on étend d'abord le blé sur une surface plane et unie telle qu'un plancher ou un carrelage; ensuite on l'arrose à l'eau froide de manière à l'humecter, et on le remue en tous sens, afin que chaque grain s'empare de l'humidité nécessaire. Après avoir donné à l'arrosement le temps de la pénétrer, on saupoudre la pile avec de la chaux pulvérisée, impalpable, on remue le blé en même temps et dans tous les sens; lorsqu'on voit que les grains se sont enveloppés d'une légère couche de chaux, on déplace la semence pour l'étendre sur un plancher, à l'ombre et à l'air, afin qu'elle se ressuie bien avant l'emploi et que la chaux se fixe.

Pour chauler par immersion, on détrempe de la chaux dans un baquet ou cuvier et dans la proportion convenable pour obtenir un lait de chaux assez épais; lorsqu'il n'y a plus d'effervescence et que la chaux est bien éteinte, on remue activement le liquide et on y jette la semence; on l'y laisse tremper un instant, ensuite on remue avec un bâton; lorsqu'il paraît que le grain s'est enveloppé d'une légère couche de chaux, on le retire avec une grande écumoire pour le faire sécher comme il vient d'être dit ci-dessus.

On ne doit préparer de grain que la quantité nécessaire à l'ensemencement de la journée; on doit surtout mettre tous ses soins à ne pas l'*échauder*. Le grain échaudé est impropre à la reproduction parce que le germe trop vivement attaqué par la chaux a été desséché ou fortement altéré.

Je viens d'exposer les raisons pour lesquelles nous devons préparer le blé de semence; mais puisque ces raisons existent, et que cette préparation est généralement indispensable pour le blé avec nos terres et notre climat, pourquoi ne le serait-elle pas au même degré pour la semence du maïs? Dans mon opinion, les mêmes raisons la commandent pour l'un comme pour l'autre, car la semence du maïs demande à être tout aussi puissamment aidée dans les premiers travaux de la production. Elle demande à être aidée :

1° Parce que l'ensemencement du maïs a lieu à l'entrée du printemps sur des terres nativement froides, et d'autant plus froides qu'à cette époque le soleil ne les a pas encore réchauffées;

2º Parce que la plupart de nos cultivateurs et notamment les métayers fument peu ou pas du tout les terres qni doivent recevoir le maïs, et que, d'ailleurs, les fumiers préparés pour cet usage sont à peu près sans qualités stimulantes;

3º Parce qu'il est du plus grand intérêt de hâter l'éclosion du grain de maïs, de fortifier le premier âge de la plante et d'activer son développement, afin qu'elle soit assez avancée et assez vigoureuse pour lutter avec avantage soit contre les dernières gelées d'avril, soit contre la température parfois brûlante et soutenue du mois de mai.

La préparation de la semence du maïs est donc tout aussi rationnelle que celle de la semence du froment; mais comme le pédoncule qui lie le grain à l'épi est par sa nature très facilement attaquable par les caustiques, pour ne point risquer d'altérer ou de dessécher le germe, nous ne préparerons pas la semence par la chaux, nous la préparerons par un autre agent tout aussi actif sans être dangereux, *la poudrette.* Au lieu d'opérer par immersion, on procèdera par aspersion comme il a été indiqué un peu plus haut.

Faut-il semer le blé à sillons ou à planches?

D'après les usages du pays, nous semons le blé à sillons d'un pied de largeur environ. Un simple coup d'œil sur cette pratique suffit, je

crois, pour faire saisir tout ce qu'elle a de ma-
lentendu comme de nuisible d'abord pour la
récolte, et ensuite pour la soigneuse préserva-
tion des terres. Si nous observons, en effet,
un champ ainsi ensemencé, nous remarquons
que le tiers du terrain est perdu pour la production; nous observons encore que les dimensions
étroites du sillon n'offrant aucun moyen de défense contre l'action des froids et plus encore
des grandes chaleurs, les blés découverts sur
leurs flancs sont frappés dans leurs racines,
qu'ils souffrent et végètent forcément sans vigueur; nous remarquons, enfin, que le ravinage
s'exerce d'une manière d'autant plus préjudiciable que la couche arable reste tout entière à
la merci des eaux par l'existence de cette my-
riade de raies ou petits canaux qui multiplient à
l'infini l'écoulement des terres.

Ces divers résultats existent plus particulièrement pour nous à cause de la qualité de nos
terres, de leur accidentation, et du régime ordinaire du climat. Ils existent par le double motif
que, comme nos terres sont légères, elles opposent peu de résistance à l'action des pluies si
abondantes de l'hiver et parfois du printemps;
et que, comme elles sont assez généralement
accidentées, il est impossible qu'elles puissent
faire la plus petite réserve d'eau pour entretenir
le degré de fraîcheur nécessaire au pied des
plantes.

Quelques cultivateurs, pour remédier à la perte
de terrain que ce mode d'ensemencement occa-

sionne, jettent, il est vrai, du grain dans les raies. Cette pratique a son bon côté sans doute, car en même temps qu'elle répare tant soit peu la diminution de la récolte, les nombreuses tiges qui poussent entre les sillons atténuent l'action des eaux et retiennent les terres; mais elle est contraire à l'intérêt des moissons, en ce sens qu'elle empêche d'entrer dans les blés pour les nettoyer sur pied.

Avec l'ensemencement en planches d'un mètre de largeur, tous ces dommages diminuent ou même disparaissent complètement; il n'y a plus de terrain perdu, et la moisson occupe le sol à peu près en entier. La récolte prospère, parce que les dimensions du sillon lui assurent une protection efficace contre l'excès du froid et de la chaleur; la terre moins saignée, si je puis parler ainsi, est en situation de conserver plus de fraîcheur pour soutenir la plante contre la sécheresse; enfin, les eaux, se trouvant moins resserrées par le grand évasement des raies entre planches, râclent moins les terres et sont moins dangereuses pour la dénudation. Pour obtenir de ce mode d'ensemencement les avantages qu'il renferme, les planches, comme je viens de le dire, doivent avoir un mètre de largeur; elles doivent aussi être bombées par une convexité si bien calculée que la stagnation soit impossible et que les eaux descendent sans vivacité.

Ce mode d'ensemencement a cette inappréciable supériorité que la moisson pouvant être abattue à la faux au lieu de la faucille, il y a

économie d'argent puisqu'un ouvrier fait autant
de travail que trois; mais, ce qu'il y a de plus
important encore, il y a économie de temps, et,
gagner quelques jours pour rentrer la récolte,
lorsque comme nous on vit sous la menace quo-
tidienne des sinistres les plus ruineux, c'est un
bénéfice, un avantage incalculables.

De l'Enfouissement des Semences.

On jette la semence sur le sol, on la recouvre
d'après des usages transmis; peu de cultivateurs, je crois, ont cherché à s'expliquer le
but de leurs pratiques à ce sujet. Cette opération
n'est pas cependant sans importance, comme on
semblerait généralement le penser, elle mérite
au contraire d'autant plus notre attention qu'elle
est appelée à servir les premiers besoins des
plantes; et je ne dis pas trop en avançant que
d'un peu plus ou d'un peu moins de terre donné
à l'enfouissement des semences peut dépendre
le succès d'une récolte.

Je ne rapporterai pas ici les expériences faites
par de savants physiologistes pour étudier et
constater les phénomènes qui précèdent et accompagnent l'éclosion et la germination dans
leurs phases diverses, je me borne à dire que le
grain doit être enfoui à une profondeur telle que
d'une part les racines de la plante soient en naissant placées le plus loin possible de la surface
du sol, et que de l'autre la jeune tige puisse
cependant pousser au dehors sans obstacle.
S'il est un âge où la plante ait besoin de protec-

tion contre les rigueurs de l'atmosphère, c'est incontestablement lorsqu'elle arrive à la vie, et, ainsi, plus la couche de terre qui recouvrira alors ses racines sera épaisse, moins elle aura à craindre l'action du froid ou du chaud.

Mais, quelle sera l'épaisseur de cette couche? Il est aisé de comprendre que la profondeur à laquelle doivent être enfouies les diverses graines des plantes cultivables ne peut pas être une, absolue; cette profondeur varie selon la grosseur des graines d'abord, et ensuite d'après la qualité et la situation des terrains et l'époque de l'ensemencement.

Tels sont les principes généraux qui régissent l'enfouissement des semences; bien qu'ils renferment un premier enseignement très précieux, ils présentent néanmoins un trop grand vide pour servir de guide sûr au cultivateur, et les plantes seules pouvaient déterminer l'épaisseur de terre que demandent leurs graines pour germer avec un plein succès dans tous les terrains et dans toutes les situations. Je vais donner ci-dessous un tableau synoptique emprunté aux meilleurs observateurs, et qui fera connaître le degré d'enfouissement nécessaire aux graines des plantes généralement cultivées dans nos départements.

TERRES LÉGÈRES accidentées.	TERRES FORTES accidentées.	TERRES en plaine ou humides.
pouces.	pouces.	pouces.
Froment.. 2.	Froment. 1 1|2.	Froment. 1.
Seigle .... 2.	Seigle ... 1 1|2.	Seigle... 1.
Avoine ... 2 1|2.	Avoine .. 2.	Avoine .. 1 1|2.
Maïs ..... 2 1|2 à 3.	Maïs .... 2 1|2.	Maïs.... 1 1|2.

Je n'ai pas compris dans le tableau les graines de trèfle, luzerne, etc., parce que tout le monde sait qu'elles demandent à être recouvertes à peine.

On saisira facilement que la gradation proposée pour l'enfouissement des semences sert admirablement les divers besoins engagés, en même temps qu'elle va au-devant de tous les inconvénients. En effet, on recouvre moins le grain dans les terres fortes ou argileuses que sur les terres légères, parce que les premières opposent plus de résistance à la sortie des jeunes tiges que les dernières; on lui donne une plus forte couche de terre dans les situations accidentées parce que, dans le cas de longues pluies après l'ensemencement, elles présentent moins de danger pour la pourriture que les terres en plaine ou humides; enfin, on recouvre le maïs le plus possible parce que, semé ordinairement à l'ouverture des grandes chaleurs, il a besoin d'être immédiatement protégé contre le mal que pourraient en éprouver ses jeunes et faibles racines.

En règle générale, sauf le cas des terres humides, on doit enfouir la semence le plus profondément qu'il se peut; il suffit que la tige puisse sortir convenablement au dehors. En recouvrant la graine d'une bonne couche de terre, on la réchauffe contre le froid, comme aussi on lui assure un degré vivifiant de fraîcheur pour résister à de fortes chaleurs; enfin, en recouvrant la graine par une bonne couche de terre, on la soustrait à la voracité soit des volailles de la ferme, soit des oiseaux de passage qui portent parfois des préjudices considérables à l'ensemencement.

Nettoiement des Froments sur pied.

Quel que soit le soin que l'on apporte dans le choix de la semence du froment, il est impossible qu'on arrive à le purger parfaitement de ces mauvaises graines qui salissent du plus au moins les plus belles récoltes. Ou la vesce, l'ivraie, etc., échappent au crible et au lavage, ou elles sont rapportées dans le champ avec les fumiers; toujours est-il qu'elles naissent, grandissent et mûrissent avec la moisson, et ainsi elles passent dans la masse du grain récolté dont elles altèrent la qualité et déprécient la valeur dans le commerce.

Parler de cette plaie des récoltes n'est rien apprendre de nouveau aux cultivateurs, et beaucoup d'entr'eux s'imposent de grands sacrifices de temps et d'argent pour nettoyer annuellement leur froment sur pied. Mais les moyens en usage pour cette opération vont-ils droit au but? Les blés sont-ils nettoyés, je dis mieux, peuvent-ils l'être? Je réponds, non! sans hésiter; d'abord, parce que la moitié au moins des plantes à arracher échappe à l'œil du travailleur et, qu'en second lieu, ce que nous appelons le sarclage, demande trop de temps pour qu'on puisse l'y consacrer.

Nous nettoyons les blés en fin de mars ou commencement d'avril, et le soin en est abandonné aux femmes qui arrachent à la main les mauvaises herbes. Indiquer l'époque, les agents et la manière de procéder, suffit pour faire comprendre que ce travail important doit être forcément imparfait et de plus encore très long. Et, en effet, en opérant ainsi sur les blés en herbe, le triage est naturellement très difficile, car l'ivraie, la folle avoine, par exemple, ont poussé en même temps que le blé; leurs feuilles, à l'époque du nettoiement, ont une grande ressemblance avec ses feuilles, et dans ce massif de verdure, quel sera l'œil assez exercé et assez prompt pour distinguer de prime abord et sans hésitation comme sans erreur la tige à arracher de la tige à respecter? Le triage d'abord exige donc une grande attention, et l'arrachis à la main beaucoup de temps; aussi, dans toutes les exploitations et particulièrement dans les métairies, on se borne à nettoyer tant bien que mal la parcelle qui doit fournir la semence, et le reste de la récolte demeure chargé de toutes les mauvaises plantes qui y ont germé.

Mais si le nettoiement est impraticable pour le plus grand nombre, et toujours inévitablement imparfait, lorsque les blés sont en herbe, en revanche, il devient facile pour tous et avec toute la perfection désirable si l'on retarde l'opération jusqu'au commencement de juin. A cette époque, les blés ainsi que les plantes qui les infestent ont atteint tout leur développement, les blés ont formé leurs épis et ces plantes leurs graines; et l'ivraie, la vesce noire et la folle avoine se distinguent si nettement de la tige du froment que le triage n'est plus un travail, et que l'erreur est impossible. Dans le mois de juin, la moisson est donc dans les conditions les plus favorables pour se voir purgée de cette multitude de plantes qui la salissent, et le moyen pour y arriver est si simple que c'est en vérité à n'oser pas le dire...

Lors donc que le cultivateur voudra nettoyer son froment sur pied, il entrera dans son champ vers le commencement de juin, il le parcourra sillon par sillon, et dans sa marche il écimera à droite et à gauche, et tout simplement avec une paire de ciseaux ordinaires, les mauvaises herbes qui se trouveront sous sa main. Dans le cas où la maturité des graines serait assez avancée pour en faire craindre la reproduction, les cimes seront recueillies au fur et à mesure et mises en dépôt dans un coin pour être brûlées plus tard.

Cette simple communication des moyens est suffisante pour faire reconnaître que l'opération ne peut être ni plus facile ni plus complète; j'ajoute qu'elle ne saurait être plus prompte, puisqu'un ouvrier actif et intelligent nettoiera dans la journée un hectare de champ.

Je dois faire observer que les femmes sont peu propres à ce travail d'un côté par le défaut de taille, et de l'autre par l'ampleur et la forme de leurs vêtements.

De la Coupe des Blés.

On ne peut pas assigner une époque fixe pour la moisson, attendu que les blés mûrissent ou plus tôt ou plus tard selon la nature ou l'exposition des terres qui les supportent, et accidentellement aussi selon le régime de la saison. Cependant il est un point essentiel sur lequel il importe d'appeler l'attention, c'est que les récoltes donnent un rendement plus satisfaisant, et le grain une quantité de substance nutritive plus considérable lorsque les blés sont coupés à un degré bien entendu de maturité.

Pour faire la moisson, nous attendons que les blés soient complètement secs sur pied. Cette pratique a sans doute toute l'apparence d'une opération rationnelle, néanmoins elle repose sur une appréciation très préjudiciable à l'intérêt agricole; les enseignements des temps les plus reculés, d'accord avec les expériences nombreuses et confirmatives des temps actuels, prouvent de la manière la plus concluante qu'il y a un bénéfice réel et notable à faire la moisson lorsque les épis commencent à prendre une teinte jaunâtre, et avant que le grain ait entièrement durci.

Je ne consignerai pas ici les travaux faits à ce sujet par plusieurs savants agronomes; je me borne à en faire connaître les résultats parce que les faits excluent le doute, et que les faits sont d'ailleurs plus populaires; je dis qu'il a été irrécusablement démontré par de nombreuses comparaisous faites avec la rigueur la plus scrupuleuse :

1° Que le grain récolté avant sa parfaite maturité se fait mieux et se développe mieux dans la gerbière que celui qui sèche sur pied;

2° Qu'un hectolitre de ce premier grain pèse en moyenne 5 kilogrammes de plus qu'un hectolitre du second;

3° Que trois livres de farine de ce même grain donnent quatre onces de pain de plus que trois livres de l'autre;

4° Que le premier contient moins de son que le second dans une proportion avantageuse;

5° Enfin, que la paille, moins épuisée et moins calcinée dans le premier cas que dans le second, fournit une alimentation plus substantielle aux animaux.

Tels sont les avantages positifs qu'assure la coupe des blés faite avant leur entière maturité : et si maintenant, pour nos départements pyrénéens, nous ajoutons à ces avantages généraux, déjà si précieux par eux-mêmes, les chances inappréciables de salut que met du côté de nos récoltes une anticipation de plusieurs jours dans une saison si féconde en sinistres ruineux, il paraît impossible qu'on ne comprenne pas combien il est d'un haut intérêt pour nous d'adopter la pratique indiquée.

Mais, je dois le dire, quelques mécomptes ont donné lieu à diverses objections contre l'enseignement qui précède; et si d'un côté on a démontré que les blés coupés avant leur parfaite maturité donnent un meilleur rendement, d'un autre l'expérience a prouvé que le grain qui en provient n'offre pas la même perfection comme grain de semence. Cet inconvénient est grave sans doute, mais il ne paraît pas de nature à donner une grande valeur à l'objection, car, en admettant que l'inconvénient existe réellement, quelle portée a-t-il contre les faits primitifs? Les avantages constatés n'en sont ni moins positifs, ni moins précieux, et alors, puisque toute la question est dans la qualité de la semence, l'objection tombe d'elle-même en laissant sur pied, jusqu'à maturité complète, le blé de la parcelle qui doit la fournir.

On a soulevé une deuxième objection qui est plus sérieuse. On a dit : si le blé coupé avant sa maturité est surpris sur le champ par des pluies longues et abondantes, il germera et il sera perdu. Ce danger-là peut être réel pour les pays où les étés sont généralement pluvieux, ou entre-coupés de pluies assez fréquentes; mais, pour nous où l'été est à peu près toujours accompagné de longues sécheresses, le cas prévu ne peut être qu'une exception, et le danger qu'un rare accident. D'ailleurs, il est une infinité de contrées même autour de nous où la gerbe reste sur le champ plus que des mois entiers sans souffrir; dans ces contrées, les gerbières sont construites et orientées avec une parfaite intelligence; apprenons à les construire et à les orienter ainsi.

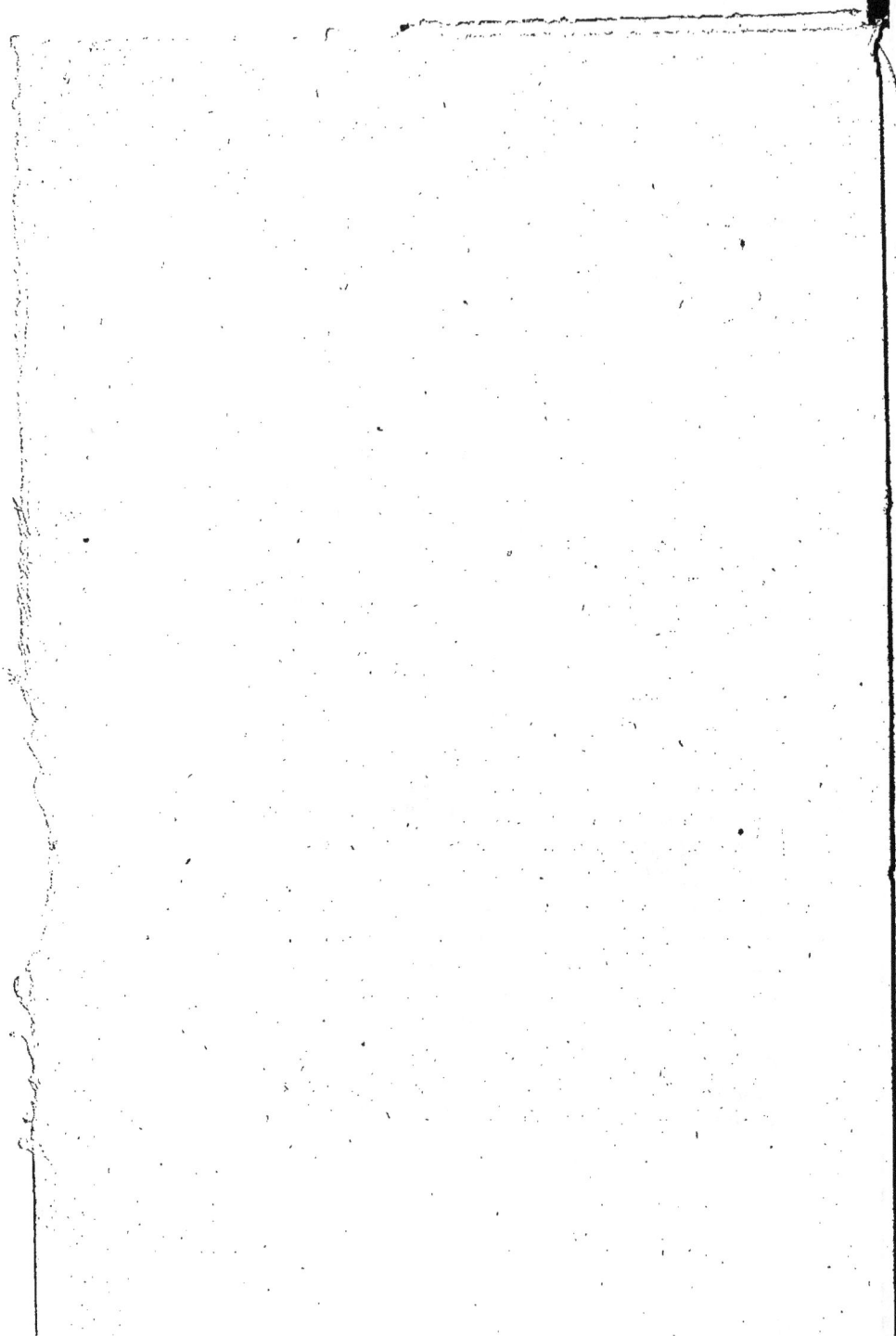

CHAPITRE XII.

Du Maïs.

La culture du maïs dans le Bas-Armagnac date de la famine de 1709; on en trouve les premières traces dans les années 1710 ou 1711. Comme ressource alimentaire, le maïs est une céréale précieuse puisqu'il fournit aux populations des campagnes, et à notre classe ouvrière en général, une nourriture saine et à peu près toujours à bon marché; comme revenu, il est de peu de valeur, il ne paie pas le loyer du champ qu'il occupe et les nombreux travaux qu'il exige. Cependant quelque peu lucrative que soit cette culture, il serait fort à désirer de la voir se propager où se développer dans tous les départements où le climat et le sol peuvent lui convenir, car elle augmenterait considérablement la masse des subsistances, et cette augmentation est d'une nécessité d'autant plus pressante que la population du pays s'accroît dans des proportions effrayantes pour l'avenir.

Mais, la culture du maïs, toute précieuse et même indispensable qu'elle est pour nous, a pour nous en même temps des inconvénients bien préjudiciables. Arrivant à l'époque des travaux de la vigne, elle lui enlève les bras des ouvriers durant les seuls moments propices aux réparations, et il en résulte pour le plus grand nombre et notamment pour le métayer que la vigne est délaissée, car, disent-ils, *il faut manger avant de boire.*

Malgré ce qu'il y a de difficile dans cette situation, j'espère démontrer néanmoins qu'avec quelques modifications dans nos usages et de l'assiduité dans le travail, on peut concilier jusqu'à un point satisfaisant ces deux grands intérêts qui actuellement se nuisent et semblent s'exclure, et les mener de front pour le plus grand bien du revenu foncier.

De la Culture du Maïs.

Nous cultivons le maïs depuis près d'un siècle et demi, et, je crois pouvoir le dire, nous le cultivons encore presque au hasard; la raison de ce que j'avance se trouve tout entière dans la divergence de nos pratiques à ce sujet. Jetons, en effet, un coup d'œil sur cette culture chez nous et autour de nous, que remarquons-nous? Nous remarquons qu'ici on procède par deux labours à la préparation des terres, et que là on n'admet la nécessité que d'un seul; que les uns labourent à la même profondeur que pour le blé, et que les autres ne labourent qu'à deux ou trois pouces; que ceux-ci plantent de bonne heure, et que ceux-là plantent tard; que dans tel canton on

plante à la charrue, et que dans tel autre on
plante à la marque; qu'enfin celui-ci enfouit le
grain assez profondément dans le sol, tandis que
celui-là le recouvre à peine d'un peu de poussière
avec le pied. Telles sont les pratiques diverses et
si évidemment contradictoires d'après lesquelles
on cultive le maïs dans nos contrées, pratiques
qui prouvent que nous en sommes encore aux
tâtonnements, et que l'enseignement fixe n'existe
pas.

Cependant, la culture du maïs comme toute
autre culture doit avoir ses principes et ses règles d'exécution, et ici, comme pour toutes les
opérations agricoles, on arrivera à ces principes et à ces règles si l'on consulte la volonté
de la plante et le régime du climat. Si donc nous
étudions les divers points qui intéressent la culture qui nous occupe, nous sommes conduits à
reconnaître que le maïs, pour réussir, demande
une terre bien labourée et parfaitement ameublie,
qu'il veut être planté de bonne heure, et qu'il est
essentiel que le grain en soit enfoui à une profondeur convenable.

D'après l'ordre de nos rotations, le maïs succède au froment, et ainsi le champ qui doit le
supporter reste, d'après nos usages, fermé à
l'action fertilisante de l'atmosphère pendant dix-
sept ou dix-huit mois. Cependant, si, comme
nous l'avons déjà vu, le labourage enrichit le
sol, il n'est personne qui ne comprenne qu'il
doit beaucoup souffrir d'une aussi longue compactisation; qu'un seul labour au moment même

de l'occupation des terres est insuffisant pour les disposer favorablement à la production, et qu'ainsi il en faut au moins rigoureusement deux pour préparer convenablement celles des maïs.

Nous devons donc labourer deux fois. Mais à quelle époque faut-il faire le premier labour? J'ai déjà exposé les graves raisons qui s'opposent pour nous à l'ouverture des terres pendant l'hiver; et si, comme je crois l'avoir démontré, les labours pratiqués dans cette saison ne conviennent pas dans nos contrées, sauf les cas rares d'un temps sec et froid ou d'un terrain argilo-marneux, l'époque la plus favorable pour faire le premier labour est la fin de juillet ou août.

En labourant immédiatement après l'enlèvement du blé, je veux répéter ici qu'on enfouit dans le sol cette abondante matière végétale qui couvre le champ, et qui, par la décomposition, se convertit en excellent engrais; que les terres exposées au contact atmosphérique pendant les plus beaux mois de l'année mûrissent et s'enrichissent puissamment; qu'elles se compactisent insensiblement pour n'avoir rien à redouter des pluies longues et froides de la mauvaise saison; et qu'enfin lorsqu'arrive le moment de les occuper, on les trouve d'un accès facile à la charrue comme aussi d'un facile ameublissement.

Le maïs demande un labour tout aussi profond que le froment.

Nos cultivateurs sont généralement convaincus qu'un labour superficiel, qu'un labour peu profond suffit au maïs. Il y a dans cette opinion une erreur qui prend sa source dans le défaut d'observation et qui compromet essentiellement cette production. Il est de principe, comme nous l'avons établi ailleurs, que la profondeur du labour doit toujours être en rapport avec les besoins observés de la plante en culture. Si pour l'appliquer au maïs nous recherchons ses besoins par l'étude de son régime souterrain, nous constatons que ses racines plongent au lieu de tracer, et qu'à l'époque de leur entier développement, elles sont susceptibles d'atteindre jusqu'à douze ou quatorze pouces de longueur. La marche et la longueur des racines démontrent donc évidemment combien le labour superficiel est contraire aux intérêts du maïs comme elles démontrent aussi les avantages que lui assure en revanche le labour profond. Mais la preuve ne s'arrête pas là, et si, d'un côté, la plante fait connaître sa volonté à ce sujet, d'un autre le régime du climat la confirme. Le maïs est planté à l'ouverture de la belle saison, c'est-à-dire au moment où nos chaleurs éclatent. Si ces chaleurs tournent à la sécheresse, comme il arrive très souvent, le maïs ne peut réussir et prospérer qu'à l'aide de protection contre l'état brûlant de l'atmosphère, et à défaut de pluies en temps utile, où trouvera-t-il cette protection si ce n'est dans la profondeur de la couche labourée mise à sa disposition?

Nous devons donc labourer pour le maïs aussi profondément au moins que pour le blé, car

plus la terre sera remuée et ameublie à une
grande profondeur, plus les racines y plonge-
ront et s'éloigneront de la surface, et plus elles
se trouveront abritées contre l'excès souvent
mortel des chaleurs. De plus, avec le labour profond, les terres seront en situation d'absorber
une plus grande quantité d'eau et de retenir conséquemment une fraîcheur plus durable dans la
partie inférieure de la couche; or, cette fraîcheur
à la base, agissant de concert avec la température élevée de l'air, sauvera non-seulement la
plante mais la poussera vivement à la végétation la plus vigoureuse.

Il suit naturellement de cette dernière considération que plus les terrains sont en côte, plus
ils doivent être profondément labourés, puisque
par leur situation accidentée ils se dessèchent
beaucoup plus promptement que les autres.

On objectera que l'on voit de très belles récoltes de maïs sur des terres très superficiellement labourées, et qu'ainsi le labour profond
n'est pas indispensable pour réussir dans cette
culture. J'accorde que l'on voit de belles récoltes sur des terres à peine grattées par la charrue, mais on devrait dire dans quelles conditions de temps ou de terrain ces récoltes ont si
bien réussi. Je maintiens qu'avec le labour superficiel il n'est personne qui ait obtenu le succès
qu'on oppose, à moins qu'on n'ait opéré sur un
sol naturellement frais en même temps que léger et profond, ou par des étés exceptionnelle-
ment pluvieux comme à souhait. Du reste, je

consigne ici sans crainte de rencontrer des contradicteurs sérieux que la récolte du maïs manque généralement dans le pays lorsque les étés sont très secs, tandis qu'elle est ordinairement abondante lorsque nous avons des pluies douces et fréquentes.

Qu'on laboure donc profondément pour le maïs, c'est, j'ose le dire, le moyen le plus efficace pour contre-balancer les effets souvent désastreux de nos sécheresses, et d'assurer ainsi le succès de cette récolte.

Le maïs doit être planté de bonne heure.

On plante ordinairement le maïs dans la dernière quinzaine d'avril, et, pour peu que le temps contrarie les travaux de préparation, la plantation se trouve ajournée jusqu'à la première huitaine de mai. On s'est fondé pour le choix de l'époque, d'abord sur la qualité de nos terres, qui, froides de leur nature, ont besoin d'être réchauffées pour devenir favorables au premier travail de la végétation; ensuite, sur les dangers qu'offrent les irrégularités de notre climat, qui, tantôt pluvieux et tantôt froid au printemps, exposerait le grain de semence à pourrir dans le sol, ou la jeune plante à périr par la gelée.

Ces raisons-là ont sans doute une certaine portée, mais il est facile de voir qu'elles ne touchent qu'à un seul point de la question; car, si la froideur de nos terres, l'action des pluies et l'accident des gelées ont paru déterminants pour planter tard le maïs, les chaleurs qui s'ouvrent ordinairement en mai sont assez redoutables pour imposer l'obligation de planter de bonne heure. Le maïs est une plante méridionale, dit-on, et il lui faut des chaleurs. Il lui faut des chaleurs, oui; mais de fortes et longues chaleurs, lorsque la plante ne fait que de naître et que ses racines encore tendres et délicates sont si près de la surface du sol, ne peuvent que lui être nuisibles, et souvent même la frapper de rachitisme.

Nous marchons positivement entre deux écueils bien reconnus pour la plantation du maïs. Si nous plantons de bonne heure, nous avons contre nous l'inertie de nos terres, les pluies froides ou les dernières gelées du printemps; si nous plantons tard, nous avons à redouter l'action et la durée des premières chaleurs. Cependant, comme il est prouvé par l'expérience qu'il y a moins de chances de succès dans le dernier cas que dans le premier, je dis que le maïs doit être planté dans les premiers jours d'avril, lorsque le régime du temps le permet. Plantons donc dans les premiers jours d'avril, et, pour conjurer les dangers signalés ci-dessus, soumettons le grain de la semence à la préparation indiquée au chapitre II. En plaçant ainsi le grain sous une enveloppe de poudrette, nous le poussons à l'éclosion par l'action immédiate et puissante d'un agent qui lui fournit le degré de chaleur que lui refuse encore la terre; et à l'aide des facultés actives et fécondantes de cet agent, non-seulement l'éclosion est assurée, mais encore la période de la germination marche

vite, et la tige du maïs, précoce et forte en
même temps, se trouve en état soit de résister
aux derniers froids, soit de lutter victorieuse-
ment contre l'excès des premières chaleurs. Et,
du reste, il ne faut pas croire que le maïs soit
aussi fragile qu'on le dit devant le froid; nous
l'avons vu plus d'une fois dans nos contrées tra-
verser des crises de gelée et de neige, et prospérer quand même avec vigueur au retour du
temps chaud. Les froids à glace seuls pourraient
lui être mortels.

Le grain doit être enfoui profondément dans
le sol.

J'ai déjà signalé les effets souvent désastreux
que les longues chaleurs sont susceptibles
d'exercer sur le maïs. Ce danger, qui souvent
l'accueille au début de la vie, l'accompagne souvent aussi jusqu'au terme de son développement. Le labour profond offre sans doute des
garanties, puisque les racines de la jeune plante,
pouvant plonger librement, trouvent un abri
dans l'épaisseur de la couche; mais, avec notre
manière de planter, cette garantie est encore
insuffisante; elle s'applique plus particulièrement et même presque uniquement aux besoins
de la deuxième période.

Le mode le plus usité pour la plantation est
la marque. La marque ouvre sur le terrain de
petites raies d'un pouce à peu près de profondeur; on y dépose le grain et on le recouvre d'un
peu de terre. Ainsi, nous enfouissons le grain à
un pouce environ dans le sol, c'est à un pouce

de la surface qu'a lieu l'éclosion, c'est à un pouce de la surface que le nœud du chevelu, qui est le centre et le point de départ des racines et de la tige, reste exposé à l'influence atmosphérique; mais il suffit, je crois, d'observer un instant cette situation pour comprendre que, frappée aussi directement au cœur en naissant par des chaleurs fortes et soutenues comme les nôtres, la jeune plante si faible encore ne peut que souffrir beaucoup, et souffrir parfois jusqu'à la consomption.

Le grain du maïs doit donc évidemment être enfoui plus profondément et jusqu'à trois et même quatre pouces, si l'on veut; mais, de ce qu'il doit être enfoui à quatre pouces, il ne s'ensuit pas qu'il doive être recouvert immédiatement de quatre pouces de terre, car il faut que le jet puisse toujours percer au-dehors.

Pour servir rationnellement les premiers intérêts du maïs, nous continuerons à préparer la plantation à la marque, mais en marquant en long et en travers, comme le pratiquent certains cultivateurs; à chaque point d'intersection des lignes, nous ouvrirons des trous de deux ou trois pouces de profondeur au moyen d'un bâton aiguisé, nous y déposerons le grain et nous le recouvrirons d'un peu de terre. Pour le bien et l'accélération du travail, chaque planteur sera muni d'un bâton et de grain, et il fera tomber la terre lui-même dans les trous. Par cette modification dans la manière de planter, le grain sera placé loin de la surface du sol et conséquemment les jeunes racines loin de l'atteinte des premières chaleurs; et, dans cette situation favorable, la jeune plante traversera le premier âge sans écueil et marchera sans obstacle vers la période du développement.

Je ne parlerai pas des travaux de hersage, de sarclage, etc., etc., que demande le maïs; je dirai seulement qu'on ne saurait y procéder ni trop tôt ni avec trop d'activité, surtout lorsque la terre, d'abord trempée par des pluies, s'est fortement compactisée plus tard sous l'influence des chaleurs et présente à sa surface une croûte dure et épaisse. L'existence prolongée de cette croûte est d'autant plus nuisible qu'elle serre étroitement la tige au collet et l'étouffe, si je puis m'exprimer ainsi, alors qu'elle aurait au contraire le plus grand besoin de liberté et d'air pour se développer.

Enfin vient le buttage du maïs. Cette opération confirme pleinement toutes les assertions qui précèdent sur les besoins observés de cette culture sous notre climat, car si nous élevons le plus de terre possible au pied de la plante, c'est incontestablement pour protéger ses racines contre l'excès de la chaleur, et leur assurer un degré constant de fraîcheur. Nous buttons ordinairement le maïs à la St-Jean lorsque la tige a atteint une hauteur de un à deux pieds, et nous ne le buttons qu'une seule fois, car je ne considère pas comme un buttage ce peu de terre que nous lui donnons en sarclant. Il y a donc deux mois d'intervalle entre le moment où le maïs

perce le sol pour faire sa tige et celui où il reçoit cette dernière façon; distance immense et
évidemment préjudiciable si nous mettons en
regard les chaleurs vives et soutenues qu'il traverse et la protection prompte dont il aurait besoin pour se défendre contre ces mêmes chaleurs. Le buttage tel que nous le pratiquons est
donc tardif et en second lieu insuffisant; pour
marcher d'accord avec les besoins du maïs, dans
mon opinion il en faut nécessairement deux.
Ainsi, nous procèderons au premier buttage
lorsque la tige aura de six à huit pouces d'élévation, et au second lorsqu'elle en aura de douze
à quinze. Par ce mode d'opération, nous alimen-
terons successivement la plante de la terre nécessaire à son développement, et nous l'abrite-
rons graduellement et efficacement contre les
chaleurs excessives et toujours croissantes de
nos étés.

Et ici s'offre l'occasion de faire observer que
plus le grain aura été enfoui profondément, plus
le buttage sera avantageux. On conçoit, en effet,
qu'à la profondeur assignée, les racines de la
plante ne peuvent jamais ni être troublées par
la charrue, ni dégarnies au-dessous de leur niveau sur les flancs du sillon.

En résumé, pour cultiver le maïs avec succès,
nous devons labourer les terres deux fois et aux
époques indiquées plus haut, et les labourer
profondément; planter au commencement d'avril;
préparer la semence pour assurer et hâter l'éclosion et la végétation; enfouir le grain à trois ou

quatre pouces; procéder aux premiers travaux de binage et de sarclage aussitôt que le jet paraît sur le sol, et butter deux fois.

Qu'on remarque bien qu'en plantant à l'époque indiquée on fait un pas immense dans l'ordre des travaux, que le cercle des facilités s'élargit et que les soins dus à la vigne y trouvent un précieux bénéfice de temps.

8

CHAPITRE XIII.

Le Champ et le Jardin.

Lorsqu'on parle d'une propriété rentable, bien tenue, ont dit : cette propriété est cultivée comme un jardin..... Cette propriété donne comme un jardin..... Le jardin est donc le terme de comparaison le plus élevé pour apprécier, soit le rendement des terres, soit la perfection du travail; et puisqu'il est le type du sol productif, cherchons à apprendre de lui la cause de sa supériorité.

Le jardin, objectera-t-on tout d'abord, est très certainement, nous le savons, l'expression du terrain le mieux cultivé; mais qu'ont de commun le champ et le jardin, qui pourrait avoir la prétention de travailler avec la même perfection l'un que l'autre; et ainsi pourquoi ce parallèle?

Je répondrai qu'il y a plus de rapports entre le laboureur et le jardinier qu'on ne paraît le soupçonner, et j'espère démontrer que le premier peut apprendre beaucoup à l'école du second.

Nous venons de passer en revue les pratiques

et les usages du pays en matière d'agriculture; si je ne me fais illusion, je crois avoir prouvé que nous devons attribuer en grande partie la médiocrité de nos récoltes à l'imperfection de nos labours, à la mauvaise préparation de nos terres, à l'emploi inintelligent des fumiers, etc., etc., et j'ai la forte conviction que si nos cultivateurs entraient franchement dans la voie des perfectionnements recommandés, qu'on me permette de le dire, dans les divers chapitres qui précèdent, j'ai la conviction, dis-je, que les résultats auraient bientôt changé, et que les récoltes médiocres auraient bientôt fait place aux récoltes abondantes. Nos terres demandent à être bien travaillées, elles exigent plus de dévoûment que beaucoup d'autres terres qui nous entourent; mais nos terres ne sont pas aussi mauvaises que bien des gens se plaisent à le dire, et pour s'en convaincre, on n'a qu'à jeter les yeux sur les rendements obtenus par les propriétaires qui cultivent eux-mêmes. Ces propriétaires, pourquoi obtiennent-ils de si belles récoltes? parce qu'ils cultivent moins mal que les autres; et où arriveraient-ils donc s'ils raisonnaient mieux leurs pratiques et s'ils les perfectionnaient!

Non, nos terres ne sont pas mauvaises comme on le dit; elles demandent à être mieux travaillées, et à cette condition, non-seulement elles donneront d'excellents revenus, mais encore elles deviendront propres à toute espèce de culture. Du reste, pour mieux juger du degré de fécondité auquel elles sont susceptibles d'être élevées par le travail intelligent, observons enfin le jardin, et le jardin même du métayer pour rester plus près du véritable terme de comparaison. Ce jardin est de la même qualité, le plus souvent même de la même pièce que le champ; jamais il n'a été marné, sablé ou chaulé; cependant il produit abondamment quand le temps lui est favorable, il produit tout ce que l'on veut, il produit toujours sans se lasser, sans repos, et pourquoi et par quels moyens? Pour en apprendre la raison, suivons un moment le jardinier dans ses pratiques. Le jardinier fait choix d'un carreau pour une plantation ou une semaille; il commence par le pelleverser à une profondeur de huit à dix pouces; il divise la terre pour l'exposer par tous les points possibles au contact de l'air; le carreau reste ainsi pendant trois semaines, un mois, pour donner à la terre le temps de s'enrichir sous l'influence de l'atmosphère. Lorsque le moment de planter ou de semer arrive, le jardinier reprend son carreau, il en brise les mottes jusqu'à l'ameublissement le plus parfait, il fait sa fumure, il recouvre immédiatement le fumier par un deuxième labour, il ameublit encore le sol avec toute la perfection désirable, et il plante. Ajoutons que toujours il enfouit ses semences à des profondeurs variées d'après leurs besoins, qu'il butte ses plantes selon leur vœu ou l'exigence du climat, et qu'il alterne constamment ses cultures afin de ne jamais épuiser ou effriter son terrain.

Telles sont les pratiques du jardinier, et au

moyen de ces seules pratiques il fertilise sa terre qui est de même nature que le champ, et il la fertilise de manière à en obtenir récolte sur récolte, et toujours une belle production.

Mais si nous revenons sur les divers chapitres qui précèdent, où il est traité des conditions du travail, ne trouvons-nous pas que les pratiques du jardinier ne sont que la confirmation pleine et entière des renseignements démontrés dans ces mêmes chapitres? Aussi, dans mon opinion, le jardin bien étudié vaut mieux pour le perfectionnement du travail des champs que le meilleur ouvrage d'agriculture, et le jardinier est le meilleur guide pour le laboureur.

Oui, dira-t-on, la perfection avec laquelle travaille le jardinier peut contribuer aux résultats qu'il obtient, mais ce qui y contribue bien plus puissamment, ce sont ses fortes fumures; et qui peut fumer son champ avec la même abondance qu'il fume son jardin? Dans le chapitre VI, j'ai exposé des moyens faciles d'améliorer nos engrais, et d'en augmenter la quantité à volonté; que le cultivateur tourne ses premiers efforts vers ce but, et les fumures les plus larges couvriront bientôt ses champs.

CHAPITRE XIV.

Du Drainage des Terres.

À l'occasion des travaux qu'exige l'amélioration des prairies basses et humides, j'ai signalé le drainage comme le moyen de succès le plus sûr et le plus parfait.

Drainer signifie *égoutter, dessécher par des canaux souterrains.* Définir ainsi le *drainage*, c'est l'expliquer d'un seul mot, c'est aussi en faire comprendre la grande importance, car si par l'assainissement on peut disposer à la production les terres infécondes par excès d'humidité, on peut évidemment par le même moyen arriver, avec le temps, à incorporer à la masse cultivée cette étendue considérable de terres marécageuses sans valeur qu'on voit dans beaucoup de nos contrées et qui ont été jusqu'à présent perdues pour le capital foncier.

Considéré de ce dernier point de vue, le drainage sur une grande échelle n'est plus un simple progrès agricole; il devient un immense bienfait, car, par le dessèchement des marais, il conduit infailliblement à l'amélioration la plus satisfaisante de l'état sanitaire du pays.

Le drainage a été pratiqué il y a des siècles, et on retrouve des traces de son existence dans beaucoup de nos provinces. La tradition s'en conserve même encore aujourd'hui dans nos campagnes, où l'on voit des essais d'assèchement sur quelque coin de prairie ou de champ, soit par des canaux à ciel ouvert, soit par des canaux souterrains garnis de fascines en bois d'aune ou de petit moellon. Ces essais ne renferment, il est vrai, que l'idée-mère d'un progrès réel, car ils sont restreints à de petites parcelles isolées, et nulle part ils n'offrent le caractère d'une pensée plus large ni d'un système étudié.

Bien que l'assainissement, tel que le pratiquaient nos pères, ne soit pas le drainage d'aujourd'hui, on peut cependant dire qu'il en a donné l'idée et qu'il en a même fourni le fil conducteur. L'Angleterre a su s'en saisir la première et le faire servir à son agriculture. Préoccupée des causes qui pouvaient donner lieu à l'infécondité du sol dans les pays plats de son territoire, elle porta ses regards attentifs sur des parcelles où l'on remarquait de profondes saignées faites dans les temps reculés; elle rapprocha les faits observés sur ces parcelles des faits produits sur des parcelles de même nature et de même situation, et elle reconnut clairement l'influence nuisible que les eaux sont susceptibles d'exercer sur les cultures lorsqu'elles surabondent dans le sous-sol. Concluant des effets de cette influence à ceux qu'on avait le droit d'attendre de l'influence contraire, elle entra dans la voie des dessèchements, elle en perfectionna l'opération par le concours simultané de la science et de l'expérience, et de là le drainage moderne.

Les résultats obtenus dans ce genre de travail par l'agriculture anglaise d'abord, et plus tard par la Belgique, ne laissent pas le moindre doute sur sa valeur comme moyen de fertilisation; ils ne constituent pas seulement un progrès, mais, comme le dit le savant M. Payen, « le drainage » est l'une des plus grandes améliorations con- » temporaines et peut-être l'une des plus belles » inventions de l'agriculture. »

Après tout ce qu'une foule d'hommes éminents ont écrit sur cette matière importante, je ne me permettrai pas d'émettre mes vues particulières, *vues* qui, dans aucun cas d'ailleurs, ne pourraient avoir qu'une portée théorique, puisque je n'ai pas encore drainé. Aussi, je renvoie mes lecteurs au Traité de l'ingénieur Leclerc, qui est, je crois, ce qu'il y a de mieux et de plus complet dans l'espèce, ou aux excellents articles de M. Grabias, insérés dans la *Revue Agricole* du Gers. Cependant, pour donner une idée pratique du drainage à nos cultivateurs, je mettrai sous leurs yeux quelques enseignements élémentaires puisés aux meilleures sources.

Dans un drainage complet, il existe deux sortes de *drains*, les drains *d'assèchement*, qui ont pour mission de soutirer uniformément l'humidité du terrain dans lequel ils sont établis, et les drains *collecteurs*, destinés à recevoir les eaux

apportées par les premiers et à les conduire au-
dehors.

Le nombre des drains collecteurs à ouvrir sur
une pièce de terre n'est pas et ne peut pas être
déterminé; la configuration superficielle du terrain peut seule le fixer et en assigner la place.

Les drains d'assèchement sont établis à douze
mètres environ l'un de l'autre, ils marchent pa-
rallèlement entr'eux et tombent dans les collecteurs par des lignes, ou perpendiculaires, ou
obliques, selon les besoins.

La profondeur des drains a donné lieu, dès le
principe, à des opinions très opposées; aujour-
d'hui, cette profondeur est acceptée par tous à
1ᵐ 25.

La pente des drains est de 2 millimètres par
mètre courant au moins. Dans tous les cas, elle
doit être assez forte pour que l'écoulement des
eaux n'éprouve pas d'obstacle ou que du moins
il en triomphe.

Les eaux soutirées par les drains d'assèchement et recueillies par les collecteurs sont reçues
dans des tuyaux en terre cuite posés au fond des
canaux; ces tuyaux sont placés bout à bout et
reliés par des *manchons* ou *colliers* en poterie.

On évalue en moyenne le coût du drainage à
194 fr. par hectare.

Tel est le drainage moderne avec son mode
d'exécution et son prix de revient.

Je ne répèterai pas ce que je viens de dire un
peu plus haut des immenses avantages que son
introduction promet à notre agriculture. Le drai-

nage a déjà fait ses preuves, même près de
nous, chez l'honorable M. de Barrau; il est jugé.
Je sais qu'on peut objecter que la dépense qu'il
nécessite constitue une avance énorme à faire à
la propriété. Je l'accorde; mais si l'on considère
la réduction notable qu'apportera dans le prix
des tuyaux la fabrique fondée par l'infatigable
sollicitude de M. Féart, préfet du Gers; si l'on
ajoute à cette diminution des frais les encoura-
gements assurés aux draineurs par l'Etat et le
département, il est à prévoir que le drainage
deviendra bientôt à la portée de toutes les for-
tunes, alors surtout que nos ouvriers, familia-
risés avec ce nouveau genre de travail, baisseront
leur prix de main-d'œuvre.

CHAPITRE XV.

De la Vigne.

La vigne se plaît sous notre climat, elle se plaît aussi assez généralement sur nos terres, et, cultivée sur une grande échelle comme elle l'est aujourd'hui dans l'Armagnac, elle serait la source d'un immense bien-être pour notre pays sans les droits écrasants qui grèvent ses produits tant dans l'intérieur qu'à l'étranger.

La vigne vit longtemps, la vigne est peu exigeante, elle dure des siècles et prospère admirablement depuis les sables du golfe de Gascogne jusqu'aux coteaux ardus et cailloutaux du Béarn; enfin, elle réussit quelquesfois très bien sur des terrains complètement ingrats par leur nature et leur situation pour les autres cultures.

Le vignoble est donc infiniment moins exigeant que le champ, soit pour la qualité du sol, soit pour les travaux; mais, prenons-y garde, le vignoble comme le champ ne rapporte que dans la proportion des soins qu'on lui donne, et si l'on veut en obtenir une riche production il faut le traiter avec le dévoûment et l'intelligence qu'il exige.

Dans l'état actuel de notre agriculture, le vin est notre principal, je dirai presque notre unique revenu; et puisque c'est sur la vigne que repose pour nous la fortune foncière, nous devons la cultiver avec toute la perfection possible afin de lui faire rendre tout ce qu'elle est susceptible de donner sans néanmoins compromettre son avenir, sans l'épuiser avant le temps. Nous devons donc tendre de tous nos efforts à élever la culture de la vigne au plus haut terme de perfectionnement, et pour y arriver, ici encore le moyen le plus direct et le plus sûr est de l'étudier dans tous les détails de son existence tant active que passive afin d'apprendre d'elle-même ses besoins et ses volontés. Ainsi nous allons la prendre à son berceau, à la plantation qui jette les premières bases de sa vigueur, nous la suivrons pas à pas dans ses diverses périodes, nous observerons attentivement les faits qui peuvent porter la lumière sur cette branche si importante du travail, et nous partirons des faits observés pour fonder et démontrer l'enseignement.

Où faut-il planter le vignoble?

L'amour des vignes est porté si loin dans l'Armagnac aujourd'hui qu'on plante avec fureur partout; à voir l'extension déjà donnée à cette culture et celle qui se prépare encore, on serait tenté de croire que dans l'esprit de la plupart

de nos propriétaires nous n'avons plus besoin
de champs. Plantez des vignes, vous dit-on,
plantez toujours, plantez partout, c'est le seul
moyen d'avoir du revenu; et on ne balance pas
à sacrifier les meilleurs champs au vignoble.

J'aime la vigne, et autant que tout autre je
comprends la large part de bien-être qu'elle
peut nous donner, mais je crois aussi à la nécessité du champ, et bien plus, j'ai foi dans son
avenir et dans la progression croissante et même
inespérée de sa prospérité; et aussi tout en ap-
plaudissant au développement imprimé à notre
industrie viticole, je réserve l'intérêt des céréales. Je réserve l'intérêt des céréales en ce sens
que puisqu'il nous faut nécessairement des
champs, il me paraît sage et intelligent, pour
retirer de la propriété tout ce qu'elle est susceptible de rendre, d'harmoniser les cultures
avec les terres ou, en d'autres termes, d'attribuer à chaque nature de culture le terrain qui
par sa qualité ou sa situation correspond le plus
identiquement à ses besoins ou à ses goûts.

La vigne par son origine méridionale ne craint
pas les grandes chaleurs et se plaît sur les terrains secs; le froment, le maïs et toutes les plantes fourragères en général redoutent au contraire la sécheresse, et exigent comme première
condition de vie et de succès un sol toujours
frais.

Le domaine dans nos contrées se compose de
terres plus ou moins planes et de terres plus ou
moins accidentées. Les terres en côte, par suite

de leur situation et du régime du climat, ne conservent pas ou conservent peu de fraîcheur;
dans l'été, notamment, elles se dessèchent avec
une promptitude désespérante, et vont jusqu'à
durcir à l'égal de la pierre. Les terres planes,
favorisées qu'elles sont par leur situation, absorbent beaucoup d'eau, la retiennent, et font si
bien provision de fraîcheur que, quelles que
soient la durée et la force des chaleurs, elles en
offrent toujours un degré favorable aux plantes
cultivées.

Après ce simple exposé synoptique de nos
terres considérées au point de vue de leur situation en face du climat, et de nos cultures étudiées
dans leurs besoins ou leurs goûts, les rapports,
la convenance qui existent entre nos cultures et
nos terres se dévoilent avec une évidence absolue, et les cultures marquent elles-mêmes leur
place sur le domaine. Cette vérité est si positive
que si, comme on ne peut pas pratiquement le
contester, la vigne se plaît sur les terrains secs,
il s'ensuit logiquement que les côtes offrent
la situation la plus favorable à sa nature et à ses
goûts; comme aussi, si les céréales et les fourragères exigent des terrains frais, la situation
des autres terres peut seule répondre à leurs
besoins. Plantons donc les vignes sur les terres
accidentées et réservons aux céréales les terres
qui ont le moins de pente. Cette distribution du
sol est d'autant plus importante pour l'intérêt
foncier qu'elle est révélée et commandée par les
goûts et les besoins du vignoble et du champ: et

alors chaque culture occupant la place qui lui
revient naturellement, nous aurons de bons
champs et de bonnes vignes.

On objectera que la vigne, étant la source la plus
féconde en bien-être pour nous, a droit au choix
des terrains, qu'elle doit occuper les situations qui
lui offrent les plus sûres garanties, et contre les
atteintes de la gelée, et contre les dommages de
la dénudation, et qu'ainsi les plateaux, par exemple, sont dévolus au vignoble. Je reconnais que
les plateaux sont des situations heureuses pour
la vigne et que la gelée et les eaux y ont peu de
prise; mais on doit accorder aussi qu'il y a d'autres positions, telles que les pentes au nord et à
l'est, qui la protégent tout aussi généreusement
contre l'action du froid. Quant à l'écoulement
des terres, il est peu considérable pour la vigne,
quand elle a été tracée avec intelligence; et, du
reste, là où elle perd 10 p. 0/0 par exemple, on peut
dire que le champ perdrait cent; et cette dénudation du champ n'a donc aucun poids dans la balance !

Que nos propriétaires plantent des vignes autant qu'il paraîtra convenable à leurs intérêts;
mais, puisqu'il faut des champs, qu'ils réservent
soigneusement à cette destination, je le répète,
les seules terres qui répondent aux besoins des
céréales et des fourragères. Par cette sage distribution du sol, une ère nouvelle s'ouvrira devant nous; nos champs, établis dans les meilleures conditions, ne se verront plus désormais
appauvris par les eaux, ni calcinés, pétrifiés par

là sécheresse; tout deviendra possible pour le progrès en tout genre, et le produit de nos grains et de nos bestiaux, rivalisant avec celui de nos vins, fera bientôt de notre Armagnac, je crois pouvoir le dire, une des contrées les plus riches de France.

De la Plantation de la Vigne.

Pour avoir une bonne vigne, plantez sur un bon champ, disent les hommes pratiques. Ce conseil est sage et rationnel sans doute; cependant il ne faut pas croire que pour avoir une bonne vigne il suffise que la couche arable soit de bonne qualité; il faut encore que le sous-sol lui vienne en aide, il faut qu'il offre à la souche une assiette qui lui convienne, et, sans cette condition, la vigne, fût-elle plantée sur le meilleur champ, ne répondrait qu'imparfaitement aux espérances du vigneron.

Le sous-sol, comme je l'ai dit ailleurs, est argileux, sableux ou tuffeux.

Le sous-sol argileux proprement dit est essentiellement mauvais pour la vigne, notamment sur les terres planes, et la raison en est simple. Plastique avec excès, le sous-sol argileux retient l'eau presque à l'égal d'un vase; or, le séjour constant ou trop prolongé de l'eau au pied de la souche ne peut que lui être fatal et la conduire à un prompt dépérissement, car, par sa nature méridionale, la vigne aime par dessus tout les terres saines. C'est principalement à l'époque de la pousse et de la floraison que l'excès de l'humidité au pied de la souche est compromettant;

dans ces deux actes de premier ordre, la vigne devrait toujours avoir *les pieds secs, les pieds chauds.*

Le sous-sol sableux agit contrairement au sous-sol argileux dans le dommage qu'il cause à la vigne. Outre que son défaut de consistance ne permet pas à la souche de s'implanter, de s'accrocher fortement, il est si facilement perméable qu'il lui refuse le degré de fraîcheur nécessaire à l'époque de la fructification et de la maturation du raisin. Les terres extrêmement profondes où l'on planterait la vigne présenteraient les mêmes inconvénients, parce que la souche y resterait, comme on dit, *en l'air.*

Le sous-sol tuffeux convient en tous points à la vigne. Participant des deux qualités qui précèdent, il possède le degré de consistance qu'exige la souche pour s'implanter et s'accrocher fortement au terrain; de plus, il est suffisamment perméable pour que les eaux le pénètrent et plongent insensiblement. Le tuf, la *terre-bouc* est donc l'une des meilleures bases que l'on puisse donner à la vigne, et plus il est de bonne qualité, plus il fournit à la souche des éléments de vigueur et de durée, plus il donne de la supériorité au vin récolté.

Les sous-sols graveleux, pierreux et surtout marneux conviennent le plus parfaitement à la vigne et assurent la qualité la plus distinguée des produits.

Après le choix du terrain vient le choix du cépage. Ce choix a une grande importance, car

si l'on plante des sarments grêles et rachitiques,
on n'aura un jour que des souches débiles et
impuissantes. Le sarment doit donc être robuste,
sain et emprunté à des vignes qui soient dans
la force de l'âge. Le sarment des jeunes vignes,
des plantes, sera le plus possible écarté; car il
compromet parfois le succès de la plantation
par le motif qu'il provient d'une souche dont le
bois *n'est pas fait*. Les sarments doivent être
ramassés à la suite des coupeurs; s'il en est autrement, ils se dessèchent et ne réussissent pas.
Il faut les enfouir soigneusement, au plus tard à
la fin de chaque journée, et de préférence dans
le sable ou dans toute autre terre facilement perméable; on ne les extraira qu'au fur et à mesure
de l'emploi, afin d'éviter qu'ils s'*éventent*.

La plantation de la vigne peut être faite de
trois manières: à trou ou fossette, à rigole, ou
par défoncement général du terrain.

La plantation à trou ou fossette est généralement et à peu près la seule usitée parmi nous.
Ce mode doit vraisemblablement la préférence
qui lui est donnée au bon marché, mais le bon
marché ne conduit pas toujours aux meilleurs
résultats, et avant d'adopter la plantation à trou,
il convenait de rechercher si ce mode d'opération était le plus rationnel et le plus avantageux
au développement comme à l'avenir de la vigne.

Je comprends que cette manière de planter
compte de nombreux et même de chauds par-
tisans, protégée comme elle l'est, d'abord par
la facilité d'exécution, et ensuite par les exem-

ples multipliés de succès; cependant, j'ose le dire, la faveur dont elle jouit tient à l'absence de toute observation pratique à ce sujet, et elle ne peut que perdre de cette faveur dès l'instant que les faits qui se produisent après la plantation auront été mis en lumière, et appréciés dans toute leur portée.

Pour planter à trou, on creuse des fossettes de quinze pouces de profondeur environ sur huit pouces de côté à peu près. Je n'entrerai pas dans les détails de la plantation en elle-même, c'est inutile à mon plan, mais je vais m'attacher à démontrer que ce système de plantation est contraire au vœu et conséquemment à l'intérêt de la vigne. Le trou qui reçoit le sarment a, disons-nous, quinze pouces de profondeur, mais il faut observer que sur ces quinze pouces le sol proprement dit arable n'en fournit ordinairement que de cinq à six, et que les neuf ou dix pouces restants sont ouverts dans le tuf et parfois dans le tuf le plus dur. Il suffirait de porter l'attention sur ce seul ordre de couches pour qu'on reconnaisse qu'implanté comme il est aux deux tiers dans un sous-sol compacte et parfois imperméable, le sarment a tout à craindre de l'humidité, car si des pluies de quelque durée accompagnent la plantation, les trous s'emplissent d'eau, ils la retiennent, et la marcotte doit inévitablement se noyer et pourrir. Du reste, c'est à cette cause qu'on peut en grande partie attribuer l'insuccès des plantations. Il est tout aussi évident encore qu'emprisonné comme entre

quatre murs, les limites étroites de sa prison
ne peuvent que l'arrêter dans son développement; et nuire plus tard à la vigueur de la souche.
Ce dernier effet ne se fait pas sans doute sentir
dès la première et même la seconde année,
parce que les jeunes racines du plant vivent encore à l'aise au fond de leur fossette; mais au
fur et à mesure qu'elles s'allongent, elles viennent se heurter aux parois de la fosse, et comme
elles sont trop faibles pour s'ouvrir un passage
à travers le tuf, elles sont forcées de remonter
vers la surface pour chercher une terre plus favorable. Les racines remontent donc forcément,
et cette ascension contre nature vers la partie
supérieure du sol condamne tout aussi hautement
le mode qui nous occupe, car nous savons tous
que dès l'instant qu'elles arrivent près de la surface la subsistance manque, et la vigne dépérit
rapidement. Ajoutons en outre qu'elles viennent
s'exposer directement à l'action du froid et du
chaud, et que l'excès du froid et du chaud est
essentiellement nuisible à la souche.

On objectera qu'on voit des vignobles plantés
à trou et d'une grande vigueur. Je l'accorde,
mais je réponds que là où il en est ainsi, ou le
sous-sol est d'un tuf doux et pénétrable, ou le
labour profond a constamment contenu les racines à une bonne distance de la surface, ou
enfin le vignoble a été soigneusement entretenu
par des terrages larges et fréquents.

Après la plantation à trou, vient la plantation
à rigole. Pour opérer d'après ce mode, on ouvre

sur le terrain que doit occuper le sillon de la
vigne une rigole de quinze à dix-huit pouces de
profondeur sur dix-huit pouces de largeur; ou
si on l'aime mieux, on défonce ce même terrain
à bras d'hommes sur les mêmes dimensions, et
on plante.

Cette manière de planter exige un sacrifice
d'argent plus élevé que la première, mais, en
compensation, elle assure à la plantation des
résultats bien autrement importants. En effet,
placé dans une terre défoncée à dix-huit pouces
en tous sens, le sarment se trouve par ce seul
fait dans des conditions plus rationnelles de réussite; ses jeunes racines disposant d'un parcours
plus étendu et par suite d'une alimentation plus
abondante, se développent vigoureusement et
s'étendent facilement dans la partie inférieure du
sol, et, dans une situation aussi favorable, la
souche ne peut que prospérer. Cependant il ne
faut pas croire que le succès soit encore complet, ce mode de plantation laisse aussi à désirer, car le bien-être qu'il donne à la jeune vigne
n'est que momentané et n'engage pas assez
l'avenir. Restreints à la zone de la terre défoncée, les moyens de développement créés pour
le premier âge deviennent insuffisants plus tard,
et au fur et à mesure que la souche avance en
âge, ses racines repoussées par les parois se re-
plient, elles rentrent dans le sens de la rigole,
elles s'y multiplient, elles s'y gênent, elles y souffrent, et leur état de souffrance influe bientôt sur
la prospérité de la souche et sur la production.

Malgré ces inconvénients et leur gravité, la plantation à rigole amène d'excellents résultats, et elle est préférable en tous points à la plantation à trou.

Passons enfin à la plantation par défoncement général du sol, et recherchons, par les faits toujours, les motifs qui donnent à cette manière d'opérer une supériorité si marquée sur les deux autres.

Pour mieux faire comprendre les avantages du mode dont nous allons nous occuper, je veux d'abord consigner ici quelques considérations sur le défoncement empruntées à un de nos plus célèbres agronomes : « Le défoncement, dit Leclerc-» Thouin, offre en général les plus grands avan-» tages ; outre qu'il permet aux racines de pren-» dre plus de développement et de nourriture, » il peut encore, en mélangeant deux couches » de terre de nature différente, procurer acci-» dentellement un amendement propre à chan-» ger parfois complètement la qualité du sol, » transformer un sable aride en une terre subs-» tantielle et féconde, et réciproquement une » terre fortement argileuse en une terre de con-» sistance moyenne et facilement cultivable. »

Le mélange des terres par le défoncement peut donc accidentellement amender ou changer même complètement la valeur du sol ; or, si ce résultat est désirable, et, s'il doit être poursuivi quelque part avec ardeur, il doit l'être particulièrement chez nous. Nous cultivons des terres froides et légères, et conséquemment sans con-

sistance et sans activité, et ces terres, pour être
dans de bonnes conditions, auraient besoin de
lien et de chaleur. Si donc par le défoncement nous trouvons un sous-sol de bonne qualité, un tuf marneux, un tuf fort en même temps
que calcaire, comme on en rencontre assez fréquemment dans nos contrées, le mélange de ce
tuf avec la couche supérieure opérera évidemment
la plus précieuse révolution dans la qualité générale du sol, car il convertira par la seule incorporation du tuf dans la masse une terre nativement
froide et légère en une terre consistante et active,
en une terre substantielle et féconde.

Avant de planter un vignoble, on doit donc
toujours étudier soigneusement la qualité du
sous-sol, et si par sa nature il promet les avantages recherchés, on ne doit pas balancer à procéder au défoncement. Lorsque le mélange des
couches n'assure aucune amélioration à la masse,
on reste dans le mode de plantation le plus
simple et le moins coûteux.

On défonce le sol à bras d'homme ou à la
charrue.

Le défoncement à bras d'homme est un travail
coûteux, surtout si l'on opère sur de grandes
étendues; cependant, lorsqu'on peut en faire les
frais, on doit lui donner la préférence. Il est infiniment supérieur au défoncement à la charrue
parce qu'il mélange plus parfaitement les diverses qualités de terres, et qu'il les dispose plus
favorablement à mûrir et conséquemment à
s'améliorer.

Le défoncement à la charrue est, comme je viens de le dire, inférieur au défoncement à bras d'homme pour la perfection du travail et l'amélioration générale du sol; néanmoins il conduit à d'excellents résultats pour la vigne, parce qu'un fort labour remue et ameublit le sol à une grande profondeur; il convient donc de le pratiquer toujours, même pour planter à trou.

Pour défoncer par le labour, on se sert de fortes charrues et de forts attelages. La charrue Dombasle, grand modèle, est la seule propre à faire parfaitement ce travail. Lorsqu'on ne dispose pas d'une de ces charrues, on défonce par un labour énergique donné avec une bonne charrue du pays; mais, comme ce défoncement manquerait de profondeur, on agit simultanément par un profond labour avec le fouilleur ou *arrazéré*. A l'aide de cette double opération, on arrive facilement à défoncer le terrain à un pied. Du reste, ce moyen est préférable à tout autre lorsque le sous-sol est de mauvaise qualité, car, la couche inférieure, restant en place avec le fouilleur, on n'a pas à craindre que son incorporation altère la qualité de la couche supérieure.

On défonce donc le sol à quinze ou dix-huit pouces et on plante. Ici on n'a point à redouter les graves inconvénients observés dans la plantation à trou ou à rigole. Implanté dans un terrain généralement défoncé et ameubli à une grande profondeur, le sarment se trouve placé dans la situation la plus parfaite; ses racines disposant d'une nourriture abondante par le

mélange d'une grande masse de terre, se développent vigoureusement, et, libres de tout obstacle souterrain, elles s'étendent à volonté et
prennent horizontalement possession de toute
la partie inférieure du sol. Protégées par l'épaisseur de la couche qui les recouvre, elles
vivent à l'abri du froid et du chaud; l'humidité ne peut rien contr'elles, et dans cette position si largement favorable, la souche prospère
pleine de force et d'avenir. Et, du reste, cette
vigueur est parfois si prodigieuse qu'on a vu
des vignes, plantées par le défoncement général,
atteindre à trois ans la grosseur ordinaire des
vignes de six, et donner déjà d'aussi bons
revenus.

Du Repeuplement de la Vigne.

Quel que soit le mode adopté et les soins
donnés à la plantation de la vigne, on doit s'attendre que tous les sarments ne réussiront pas,
et que par suite on devra repeupler. Le repeuplement s'opère au moyen de provins ou chevelus dont l'emploi offre des avantages réels;
préparés un an à l'avance, ils sont du même
âge que la jeune vigne quand on les utilise, et
ainsi ils obvient à toute lacune dans la plantation. Les chevelus sont donc théoriquement ce
qu'il y a de mieux pour le repeuplement de la
vigne, mais, dans la pratique, il arrive souvent
qu'ils servent assez mal l'intérêt du vignoble.
Les chevelus sont séparés de la souche-mère,
en fin de février ou mars; au lieu de leur

donner les soins de conservation qu'ils demandent, comme par exemple de les enfouir immédiatement à une certaine profondeur dans un sable frais, les uns les déposent tout simplement debout dans une rigole humide ou les y enterrent, les autres les plongent debout dans l'eau. Les chevelus passent là un, deux mois, puis on les porte au marché par toute espèce de temps et sans précaution; ils sont achetés et plantés. Enervés par l'excès d'humidité, ou flétris et desséchés par le vent ou le froid, ils périssent après la transplantation, et ainsi le repeuplement est à recommencer quelquefois pendant plusieurs années consécutives.

Je ne rapporte ici que des faits, et des faits connus de tous nos cultivateurs par leur propre expérience. Si le repeuplement de la vigne qui est une opération si importante peut donc être si facilement compromis par l'emploi des chevelus, il est essentiel de demander aux découvertes de l'expérience une méthode plus sûre. Valmont de Bomare nous fournit à ce sujet un précieux enseignement puisé dans les pratiques des pays viticoles les plus avancés de son temps; je vais simplement le transcrire; « On plante la » vigne, dit-il, ou de boutures ou de plants en- » racinés; on peut la renouveler aussi en tout » ou en partie par le moyen des provins ou des » marcottes... Les marcottes se font des meil- » leurs brins de la vigne; on passe ces brins à » travers un panier rempli de terre, ou à son dé- » faut, au travers d'une motte de gazon où l'on

» fait un trou pour passer le brin, on met le
» gazon en terre, et lorsque la marcotte a
» pris racine, on la transplante avec le gazon.
» L'avantage de cette méthode est que l'on
» transplante le plant avec la terre qui l'envi-
» ronne. »

Valmont de Bomare s'en tient à indiquer som-
mairement l'opération sans l'appuyer des détails
d'exécution nécessaires pour guider le vigneron,
et, comme pour réussir la première condition est
de bien opérer, je reprends son enseignement
en sous-œuvre, et j'ajoute que pour l'appliquer
avec succès, il faut :

1° Faire choix d'un terrain gazonné profond,
de bonne qualité, et légèrement incliné mais
frais;

2° Tailler sur ce terrain des gazons d'un pied
carré de surface sur la plus grande profondeur
possible;

3° Implanter le jour de la taille, ou si mieux
on l'aime en mars, un sarment de bon choix au
centre de chaque gazon; la marcotte doit atteindre la moitié ou les deux tiers de l'épaisseur de chaque gazon; le trou par lequel on
aura passé le brin devra être immédiatement
et très hermétiquement fermé avec de bonne
terre que l'on buttera le long du sarment à
deux ou trois pouces de hauteur. Cette préparation ainsi faite, on laisse le tout en place
pendant une année, durant laquelle les plants
jettent des racines, et au moment de repeupler,
on enlève tout ensemble gazon et marcotte pour

les poser dans la fossette creusée à la place du
sarment qui a péri.

Cette méthode, dont la mise en pratique est
simple et sans frais, est très usitée dans l'Orléa-
nais et la Champagne, et elle réussit aussi bien
sur les vieilles vignes que sur les jeunes plantations.

De la Taille de la Vigne.

La taille a une importance si généralement re-
connue que nos vignerons proclament que la
serpette fait la vigne. Nos vignerons ont raison
jusqu'à un certain point; car, deux vignobles
étant donnés sur un terrain de même nature et
également entretenu, il n'est pas douteux que
celui où la taille aura été de tout temps le plus
parfaitement conduite sera le plus vigoureux, le
plus productif et le plus durable.

Les bienfaits de la taille commencent avec la
vigne et la suivent jusque dans sa plus grande
vieillesse. C'est en effet par la taille que le jeune
cep, raccourci le lendemain de la plantation, est
préparé pour le développement de la tige; c'est
par la taille qu'il est insensiblement façonné aux
conditions qu'exige la production; c'est par la
taille qu'il est élevé à une hauteur intelligemment calculée tant pour assurer la bonne maturité du raisin que pour lutter contre la tempête;
c'est par la taille qu'il est annuellement sollicité
à produire selon ses forces et jamais jusqu'à l'é-
puisement; enfin c'est par la taille qu'on lui mé-
nage une longue existence et une vieillesse en-

core productive. Nos vignerons ont raison d'attacher une aussi grande importance à la taille; non qu'on puisse dire absolument que la serpette fait la vigne comme ils l'entendent, mais il est certain qu'elle y contribue pour une forte part.

La taille est assez bien connue dans ses conditions générales; cependant, il y a des points de détail sur lesquels il importe d'appeler l'attention pratique.

Ainsi, par exemple, on voit la plupart des vignerons qui, pour donner, disent-ils, bonne mine à la souche, raccourcissent le sarment quelquefois à une ou deux lignes du dernier bouton de l'œuvre. Cette manière de tailler est non-seulement irréfléchie, mais elle est aussi très compromettante, car exposé par sa blessure à l'action directe des froids, des vents, des chaleurs et des pluies qui surviennent après la taille, le bout du courson se dessèche et se fendille toujours à une certaine longueur; et ainsi, plus le raccourcissement a été pratiqué près du bouton, plus le bouton est exposé à être desséché, et par conséquent frappé de mort.

A cette première conséquence, dont la gravité se démontre d'elle-même, vient s'en joindre une autre tout aussi dangereuse pour l'avenir du bouton. On sait qu'aux premières chaleurs qui suivent la taille, la sève, mise en mouvement, monte et s'échappe par suintement à l'extrémité du courson; la *souche pleure*. Ici encore, plus le sarment aura été raccourci près du bouton, moins la sève, dans son mouvement d'ascension, aura de facilité pour le féconder; en d'autres termes, plus l'écoulement de la sève s'effectuera rapidement près du bouton, plus le bouton sera en danger d'être affamé ou tout au moins réduit à une alimentation insuffisante à son éclosion et à son développement.

Du reste, pour appuyer les observations qui précèdent de l'autorité des faits, j'invite nos cultivateurs à examiner attentivement la souche après la pousse; ils constateront, notamment dans les vignes de moyenne vigueur, que le troisième bouton est celui qui avorte le plus ordinairement. Lorsqu'il réussit, le sarment qu'il produit est à peu près toujours très inférieur aux sarments fournis par les autres boutons du courson.

Dans l'intérêt de la production, le sarment doit donc être raccourci à un pouce au moins du dernier bouton de l'œuvre.

On rencontre encore fréquemment des vignerons qui, sans consulter suffisamment les forces de la souche, la chargent de plusieurs coursons à trois boutons; ils se persuadent, dans leur ambition, obtenir une plus grande quantité de vin sans porter atteinte à l'avenir de la vigne. Ils sont dans une grave erreur sur l'un et sur l'autre point.

Dans un vignoble jeune, vigoureux, bien entretenu, on comprendrait qu'il fût possible d'exiger beaucoup de la souche sans engager absolument son avenir; mais dans les vignobles

ordinaires, et plus particulièrement dans ceux
où l'entretien manque, charger la souche avec
excès c'est vouloir l'énerver, l'épuiser de bonne
heure, et l'épuiser sans en obtenir le bénéfice
que l'on poursuit.

Pour le démontrer, nous allons prendre une
souche de moyenne vigueur et lui laisser trois
coursons avec trois boutons à chacun d'eux, en
tout, neuf boutons, comme cela se fait parmi
nous.

Avant d'aller plus loin, j'établis en règle générale que la vigueur de la souche est toujours
dans le rapport de la quantité de sève qu'elle
absorbe; il s'ensuit que plus il y a abondance de
sève dans le bois, plus il y a vigueur, et que plus
il y a vigueur, plus il y a fécondité probable et
relative.

Ce principe reçu, je reviens à la souche qui
va servir de base à la démonstration; comme
elle est de vigueur moyenne, je dis donc qu'elle
ne doit disposer que d'une quantité de sève proportionnée, c'est-à-dire d'une quantité moyenne
comme sa vigueur. Cependant, si nous jetons
un coup d'œil sur les obligations qui lui sont
imposées par la taille, l'expérience est là pour
nous apprendre que pour qu'elle développe,
nourrisse et féconde puissamment les neuf boutons mis à sa charge, il lui faut une dépense
de sève à laquelle pourvoirait tout au plus
une souche de première vigueur. Cette simple observation pratique est à elle seule la condamna-
tion d'une semblable taille, car il est évident que

9

pour que la souche ainsi chargée développe et
entretienne les neuf boutons, il faut que la sève
les visite et qu'ainsi la quantité dont elle dispose
se subdivise entre tous. Or, plus la sève se
subdivisera, plus la part de chaque bouton sera
au-dessous du nécessaire; plus elle sera au-dessous du nécessaire, plus les boutons souffriront,
et enfin, plus les boutons souffriront, plus les
sarments seront grêles et les grappes de peu
de valeur.

Ainsi, c'est une grande erreur, je le répète,
que d'attendre proportionnellement de meilleures récoltes de la vigne parce qu'on l'aura
chargée d'un plus grand nombre de coursons.
Je veux que l'on obtienne plus de grappes, mais
ces grappes seront positivement plus petites, et
leurs grains mal nourris donneront positivement
peu de vin. Mais il y a plus qu'un mécompte, il y
a de plus danger grave pour la vigne, car la solliciter au-dessus de ses forces, c'est l'affaiblir
inévitablement, l'épuiser. Lorsque l'on veut charger la vigne, il faut l'entretenir en conséquence.

Les vignes de moyenne vigueur, et ce sont
les plus nombreuses, ne doivent donc jamais
dans mon opinion être chargées de plus de deux
coursons à trois boutons, ou de trois coursons
à deux.

Au sujet de la taille, il ne sera point hors de
propos de dire un mot sur l'épamprement. La
souche, outre les sarments des œuvres, produit
encore un grand nombre de brins, connus vulgairement sous le nom de *magencs*. Non-seule-

ment ces brins ne rapportent pas de fruits, non-seulement ils sont généralement sans valeur pour la taille de l'année suivante, non-seulement enfin ils gênent la circulation de l'air et nuisent par l'ombrage à la parfaite maturité du raisin et par suite à la qualité du vin; ce qu'il y a de plus déplorable encore, ils vivent aux dépens des sarments producteurs, et ainsi la sève qu'ils absorbent est une perte qui réagit sur la production.

L'épamprement de la vigne est donc une opération indiquée, et il serait à désirer de la voir généralement pratiquée. Pour la rendre réellement profitable, il convient d'y procéder quelque temps après la pousse, afin de porter dès le début toute la masse alimentaire vers les coursons. Ce travail est délicat et ne peut être confié qu'à des ouvriers qui connaissent bien la taille; s'il en était autrement, la taille de l'année suivante pourrait considérablement en souffrir.

La taille et l'épamprement sont deux opérations de premier ordre pour la vigne. Bien comprises, elles contribuent puissamment à sa vigueur, à sa durée et à l'abondance de son rendement; faites sans intelligence de ses véritables intérêts, elles la conduisent en peu de temps au dépérissement et à l'énervation.

Je veux parler ici de la mousse qui se produit sur les souches, parce qu'en procédant à la taille on peut la faire tomber sans grande perte de temps. La mousse est l'ennemi mortel de la vigne. Spongieuse par essence, elle s'empare

avidement de l'humidité, elle la fixe et l'entretient
sur la souche durant une grande partie de l'année, et l'humidité, en ramollissant le bois, le
dispose et le conduit à la carie et à la pourriture.
Il est donc du plus grand intérêt *d'émonder*
soigneusement les vignes; c'est au défaut de cette
pratique, toute de conservation, que nous devons attribuer cet état de décrépitude souvent
prématurée que nous observons dans certains
vignobles.

L'extraction de la mousse s'obtient aisément
après une pluie.

Je terminerai, enfin, par quelques considérations sur les instruments employés à la taille.
En général, nos ouvriers taillent à la serpette.
La serpette, comme on sait, est à deux tranchants, le tranchant antérieur et à bec recourbé
qui sert à la section du sarment, et le tranchant postérieur ou coutelas qui est employé à
débarrasser la souche du bois vieux, mort ou
inutile. La serpette est sans doute un très bon
instrument pour la taille, et nos vignerons la
manient bien; cependant elle a son côté défectueux, et elle n'est pas sans présenter même de
graves inconvénients. Elle a son côté défectueux,
car la taille à la serpette est lente; elle exige par
conséquent beaucoup de temps, et en agriculture, plus peut-être qu'en toute autre chose, le
temps est sans prix, et on ne saurait jamais en
être trop avare. La serpette a aussi des inconvénients; pour trancher le gros bois, le vieux
bois, le vigneron est obligé de frapper à tour de

bras sur la souche; or ces coups redoublés, en l'ébranlant jusqu'aux dernières racines, lui portent souvent un immense préjudice.

La taille à la serpette seule est donc imparfaite, qu'on la considère du point de vue soit de l'économie du temps, soit de l'intérêt du vignoble. Pour combler les lacunes qu'elle présente, on doit l'accompagner, dans les mains des ouvriers, des ciseaux et de la scie du jardinier. Avec la serpette, les ciseaux et la scie, le matériel du vigneron est complet, la taille se simplifie et se perfectionne, on économise du temps, et la souche n'est plus maltraitée.

Du Labourage de la Vigne.

Il suffit de jeter un coup d'œil sur nos vignobles pour reconnaître que les labours y répondent peu au vœu et aux besoins de la vigne, et je crois ne pas trop avancer en disant que c'est à l'imperfection de ce travail important qu'est dû, pour une grande part, leur mauvais état et la médiocrité de leur production. Ce travail est imparfait parce que le labour est superficiel.

Je considère donc le labour superficiel comme une des causes déterminantes de l'état de souffrance de nos vignes : cette assertion se démontrera sans peine en étudiant simplement au pied même de la souche les conditions que doit remplir le labourage pour être conforme aux besoins du vignoble.

Le labourage pour la vigne a le quadruple but :

1° D'améliorer annuellement le sol en l'ouvrant à l'action de l'atmosphère;

2° De détruire les mauvaises plantes qui compromettent la maturité, et, par suite, la qualité du raisin;

3° De contenir les racines à une profondeur uniforme et convenable;

4° De disposer les terres de manière à pouvoir butter la souche à la plus grande hauteur possible, afin de la protéger contre le froid, le chaud et l'humidité.

Telles sont pratiquement les conditions que doit remplir le labourage pour être profitable au vignoble, et ces conditions, le labour superficiel est absolument incapable de les remplir.

Et d'abord, la nécessité du labour profond pour la vigne est une conséquence directe et rigoureuse des principes qui régissent la plantation, car, si ces principes ont pour objet de préparer l'établissement des racines de la souche dans la partie inférieure du sol, la profondeur du labour seule peut les y contenir. Ce simple raisonnement suffirait pour prouver que la vigne doit être profondément labourée; néanmoins, comme il n'y a rien de plus concluant que les faits, je veux mettre en regard les faits produits dans le vignoble, et par le labour profond, et par le labour superficiel, et tirer de leur rapprochement la démonstration irrécusable de l'assertion.

Prenons d'abord le vignoble labouré superficiellement à quatre ou cinq pouces de profondeur environ, comme on le pratique à peu près partout autour de nous; il résulte nécessairement d'un pareil labour :

1° Que le sol n'étant remué qu'à une très faible profondeur, les ressources alimentaires dont dispose la vigne sont insuffisantes à ses besoins, et que dès lors elle ne peut que languir;

2° Que les mauvaises plantes, n'ayant pas été culbutées par la charrue, se reproduisent et nuisent à la maturité du raisin et à la qualité du vin;

3° Que les racines de la souche, n'étant pas contenues annuellement par le labour à la profondeur qu'exige leur nature, quittent instinctivement, si je puis m'exprimer ainsi, la partie inférieure du sol, qui ne leur offre aucun moyen d'alimentation, pour courir après les bonnes terres de la surface, et qu'elles viennent s'exposer ainsi à l'action directe du chaud, du froid et de l'humidité;

4° Enfin, que la couche remuée ne présentant qu'un petit volume, il s'ensuit que la terre manque pour butter convenablement la souche, et que le buttage, qui devrait être une façon protectrice contre le froid, le chaud et l'humidité, n'est plus qu'un ados plus ou moins plat qui laisse la vigne exposée sans défense aux rigueurs atmosphériques, et particulièrement à la stagnation des eaux qui la noient, l'énervent et la détruisent en peu de temps.

Maintenant, supposons au contraire que ce même vignoble a été de tout temps profondément labouré à huit, dix pouces, par exemple : la cause qui a produit les résultats observés dans le premier cas n'existant pas dans le second, les faits changent, et nous voyons :

1º Que le sol ayant été annuellement amélioré par le labourage à une grande profondeur, la vigne dispose d'une alimentation abondante, et se soutient forte et vigoureuse;

2º Que les mauvaises plantes ayant été culbutées par la charrue ont disparu du vignoble, et que le raisin y mûrit dans les meilleures conditions;

3º Que les racines étant contenues annuellement par la charrue ne se montrent pas à la surface, et vivent dans la partie inférieure du sol sans inquiétude du froid, du chaud et de l'humidité;

4º Que la couche remuée présentant un énorme volume, la terre abonde pour butter, et que la souche buttée largement trouve dans les terres du buttage, non-seulement un abri contre les influences souvent si nuisibles de l'atmosphère, mais encore une masse d'alimentation qui répond de sa force et de sa fécondité.

Tels sont les faits, je ne dirai pas rigoureusement logiques, mais les faits observés qui suivent le labourage de la vigne; et en face de ces faits qui font connaître si clairement ses vœux et ses besoins, il est inutile d'insister sur les preuves pour démontrer que la vigne exige le labour profond. Comme l'action du labourage est immense sur le vignoble, je résumerai en peu

de mots les diverses conditions qui s'y ratta-
chent, et je dis:

Qu'avant de labourer le vignoble, il convient
de procéder par un coup d'extirpateur ou de
fouilleur énergique dans la raie existante entre
les sillons.

Que le labour, pour être conforme aux intérêts
de la vigne, doit être porté, autant qu'il se peut,
à huit ou dix pouces, mais que c'est particulièrement après la plantation que l'on doit jeter les
bases de cette profondeur.

Que quel que soit l'âge de la vigne, on peut
pousser graduellement le labour à la profondeur
proposée sans s'inquiéter des conséquences; en
admettant que la souche souffre tant soit peu la
première année du déchirement ou de l'évul-
sion des racines, on la voit, dès l'année suivante,
puiser dans ce mal même des moyens nouveaux
et assurés de vigueur et d'avenir.

Que le déchaussage doit être poussé toujours
à la même profondeur que le labour, et que le
pied de la souche doit être soigneusement
ébarbé.

Que le buttage ayant pour objet spécial de
protéger la vigne contre l'action des chaleurs,
des froids, et plus encore des eaux, dont la stagnation au pied de la souche est fatale en tout
temps mais surtout aux époques de la pousse,
et de la floraison, le buttage doit être fait avec
toute la perfection possible; qu'ainsi pour bien
butter la vigne, on doit d'abord régler le versoir
de manière à porter la terre par le premier trait

de charrue à la plus grande hauteur, le régler de nouveau pour l'élever un peu moins par le second, et ainsi successivement; en modifiant de cette manière la portée du versoir, l'élévation des terres se trouve graduellement établie, la butte se forme avec perfection, et la souche trouve dans le buttage une pleine protection.

De la Réparation des Vignes.

Quelle que soit la supériorité du mode adopté pour la plantation, quelle que soit l'intelligence dans la taille, quelle que soit enfin la perfection du labourage, il ne faut pas s'attendre à perpétuer la vigueur et la fécondité du vignoble. On peut sans doute, par la bonne exécution de ces divers travaux, maintenir longtemps la vigne en bon état et retarder son affaiblissement, mais un peu plus tôt ou un peu plus tard, elle finit par s'affaiblir, si l'on ne restitue pas au sol ses sacrifices; car le vignoble fait des sacrifices comme le champ, comme le champ il demande à retremper ses forces par les amendements.

La vigne demande donc à être entretenue, je dis plus, à être généreusement entretenue par des amendements; mais aussi à cette condition, elle devient généreuse à son tour, et elle dédommage largement le cultivateur de son travail et de ses dépenses. Du reste, voyez le vignoble du métayer, c'est tout au plus si dans la moyenne il rapporte de six à sept barriques par hectare;

voyez le vignoble du propriétaire laborieux, il en produit annuellement dix, douze, et plus; il y a dans cette différence de production une grande leçon pour ceux qui négligent leurs vignes, une leçon faite pour stimuler l'émulation; avec le vignoble qui ne donne que six barriques à l'hectare, le vin n'est plus une ressource qui assure l'aisance, alors qu'à douze ou quinze barriques, le vin, c'est l'aisance, le bien-être.

Les amendements employés pour la vigne sont d'autant plus nombreux que nos vignerons sont généralement convaincus que *tout est bon* pour la réparer. Croire que tout est bon pour réparer la vigne est une erreur d'autant plus déplorable qu'elle peut conduire à faire de grandes dépenses sans résultat compensateur. Pour moi, il n'y a de bon en matière d'amendement que ce qui est réellement bon, fertilisant et fertilisant avec durée.

Les moyens les plus usités pour la réparation de la vigne sont:

Le terrage,

Le marnage,

Le sablage,

La fumure.

Le terrage est l'opération favorite de nos cultivateurs, et devant cette préférence, il importe de rechercher, si par son influence sur la production et par le prix de revient du travail, il répond aux besoins du vignoble, et à l'intérêt du propriétaire.

Lorsqu'un vignoble est situé sur un terrain

accidenté qui perd et qui se dénude, je comprends la convenance du terrage, car là il faut
maintenir ou refaire l'épaisseur de la couche
arable, là il faut terrer pour sauver la souche;
mais lorsqu'un vignoble est situé sur un plateau,
par exemple, lorsque les eaux ne lui enlèvent
pas une brouettée de terre dans l'an, j'avoue que
je ne comprends pas l'emploi de ce moyen, tel
surtout que je le vois pratiquer. Je ne le comprends pas, parce que dans ce vignoble ce n'est
pas la terre qui manque; or, si ce n'est pas la
quantité de terre mais bien la qualité qui manque, si la terre est affaiblie ou épuisée, il faut
donc la ranimer, la fortifier, l'enrichir; et que
peut-on espérer pour sa fertilisation de ces terres sans valeur qu'on transporte généralement
au pied de la souche?

Comme amendement, je ne saurais admettre
le terrage que lorsque les terres transportées
sont d'une qualité notablement supérieure; alors
seulement il peut être profitable au vignoble.
Mais transporter des terres de qualité médiocre
dans sa vigne hors le cas de dénudation est à mes
yeux une opération d'autant plus irréfléchie
que le résultat ne pouvant être qu'en raison de
la puissance de l'amendement, on ne peut rien
attendre d'une réparation qui n'enrichit pas le
sol. Ne perdons pas de vue qu'un tombereau de
mauvaise terre coûte aussi cher qu'un tombereau de bonne!

Je sais bien qu'on dit que tout est bon pour la
vigne parce que tout fait du fonds. Ici je me

contente de répondre que terrer la vigne pour
faire du fonds est faire à son propre insu la cri-
tique la plus concluante du labour superficiel
pour le vignoble, car on ne fait du fonds que
pour éloigner les racines de la surface du sol;
c'est faire du fonds à gros frais.

Maintenant que nous venons d'apprécier le
terrage considéré comme moyen d'amendement
et de faire ressortir les circonstances dans lesquelles il est commandé, nous allons apprécier
par le calcul la dépense qu'il nécessite.

D'après l'espacement moyen adopté dans nos
diverses contrées pour la plantation de la vigne,
un hectare de terrain supporte 6,000 souches.
Cette base ainsi posée, nous supposerons qu'il
sera transporté *en vue du plus simple entretien*
une brouette de terre pour chaque souche, ce
qui donne une masse de 6,000 brouettes ou 1,000
tombereaux. Comme il y a toujours difficulté et
souvent impossibilité d'entrer dans les sillons
avec le tombereau, cette terre sera déposée sur
les allées du vignoble et mise ensuite dans la
pièce à la brouette.

A une brouettée par souche, il nous faut donc
6,000 brouettées par hectare.

6,000 brouettes égalent 1,000 tombereaux environ.

1,000 tombereaux égalent 200 mètres cubes.

La terre destinée à la réparation du vignoble
doit être préalablement piochée et empilée afin
de s'améliorer et mûrir. Fixons le prix de ce
premier travail à une moyenne de 15 à 20 cent.
par mètre cube.

Soit pour 200 mètres cubes........ 36

D'après les prix du pays, le transport des terres est payé à raison de
cinq centimes pour charger le tombereau, et d'un centime et quart de *cent
pas en cent pas* du point de départ au
point d'arrivée. Comme les terres
d'amendement sont rarement dans la
pièce, nous les prendrons à une distance moyenne de deux cents pas, ce
qui, d'après le prix courant, élève le
tombereau transporté à sept centimes
et demi.

Soit pour 1,000 tombereaux........ 75 50

Enfin, le brouettage variant pour
ses prix, soit relativement aux distances, soit en raison des difficultés du
travail par l'accidentation des terrains,
nous prendrons la moyenne de quarante centimes pour cent brouettées.

Soit pour 6,000 brouettes.......... 24
————
Total de la dépense par hectare..... 135 50

D'après ces calculs, d'une rigueur toute pratique, le terrage d'un hectare de vigne à *une seule
brouettée par souche* exige donc une dépense de
135 fr. 50, dépense énorme comme dépense de
simple entretien, et dépense, j'ose le dire, sans
compensation, car qu'est-ce qu'une brouettée
par pied pour une vigne faible ou épuisée ? Peu
de chose. Qu'est-ce qu'une brouettée par pied
lorsque la terre transportée est médiocre ou

sans valeur? Rien. Ainsi, à moins que les terres
d'entretien ne soient d'une qualité supérieure,
le terrage pour le vignoble qui ne perd pas est
donc, comme on le voit, une opération de peu
de valeur: je dis plus, lors même que les terres
sont de qualité moyenne, c'est le tout si par
son influence le terrage paie la dépense.

Sur les terres lanives, le terre-bouc, le tuf
réussit parfaitement comme amendement pour
la vigne; mais, pour qu'il en soit ainsi, il faut
qu'il soit de première qualité. (Voir au chapitre
III.) Il convient d'employer le tuf par voie
d'amendement général du sol parce qu'alors il
s'incorpore à la masse par le labourage, qu'il la
lie et qu'il la réchauffe, car le bon tuf, comme
nous l'avons dit, est toujours plus ou moins marneux, toujours plus ou moins calcaire.

Si comme je crois l'avoir démontré, le terrage,
hors le cas de dénudation du sol, sert mal les
besoins du vignoble et les intérêts du vigneron,
s'il exige d'énormes sacrifices sans compensation relative et réelle, il n'en saurait être ainsi du
marnage ou du sablage de la vigne, surtout lorsque le sable ou la marne sont de bonne qualité.
Bien que ces deux amendements soient précieux
pour la fertilisation du sol et qu'ils s'appliquent
admirablement tous les deux au vœu de la vigne,
néanmoins je donnerai la préférence à la marne
comme plus appropriée et à la nature de la plupart de nos terres, et au besoin de conservation
que demandent nos coteaux; je réserve l'emploi du sable vif aux seuls terrains argileux ou

en plaine. Le marnage ou le sablage doit être fait par voie d'amendement général du sol; ainsi pratiqué, il agit sur toute la masse à laquelle il s'incorpore par le labourage, il la réchauffe, il l'active et la dispose à une fécondité durable. Mais quels que soient les gages que donnent ces amendements pour l'amélioration du vignoble, ici encore se présente la question de la dépense, question que je dirai presque décourageante, qu'on la considère sous le point de vue du temps ou de l'argent; le marnage d'un hectare de vigne coûte positivement beaucoup plus cher que le terrage en général.

La marne et le sable ne sont pas seulement des agents fécondants pour la vigne, ils sont en même temps parfaits pour les vins, car ils en perfectionnent notablement la qualité, et en particulier la qualité du *vin piquepoul*, dont le mérite dominant est d'être fortement alcoolique.

La fumure est sans contredit un des amendements les plus puissants pour la fécondation de vigne, mais, outre que peu de vignerons ont des fumiers en quantité suffisante pour en donner à leurs vignobles, son emploi est susceptible de présenter des inconvénients. Lorsque, après de fréquents sinistres ou un long abandonnement, un vignoble touche ou est arrivé à l'état de dépérissement, l'emploi du fumier est incontestablement souverain pour le régénérer et le rappeler à la vigueur; mais le fumier pur pour une vigne à l'état d'entretien me paraît un amendement mal entendu. Il est vrai qu'il pousse à l'augmentation du produit, mais, d'un autre côté, il détériore sensiblement la qualité des vins, et à ce point de vue on comprend combien il est nuisible; notablement dans les vignobles qui donnent les vins fins, les vins de table; il est nuisible aussi aux vins piquepouts, car il les rend gras, et conséquemment moins alcooliques et prompts à tourner.

Mais si le marnage ou le sablage, appliqué à la vigne par voie d'amendement général du sol, exige une dépense de temps ou d'argent qui le rend impraticable pour le plus grand nombre, et si la fumure est impossible par la rareté de l'engrais ou nuisible à la qualité des produits, n'avons-nous pas les composts de marne ou sable avec le fumier qui s'offrent pour trancher les difficultés et concilier tous les intérêts? Je ne reproduirai pas ici ce que j'ai déjà dit plus haut sur la valeur de ces composts et leur puissance en agriculture; j'y consignerai seulement que par les éléments qu'ils renferment ils répondent et de la fécondation du vignoble et de la qualité des vins. Ce moyen d'amendement est d'autant plus précieux qu'il est facilement abordable pour tous, et j'ose dire qu'il n'y a pas même de métayer tant soit peu actif qui n'en puisse faire annuellement pour réparer un hectare de vigne.

Nous venons de passer en revue les amendements les plus usités parmi nous, les amendements *puisés sur la propriété elle-même* pour la réparation de la vigne. Terrage, marnage, sablage, fumure, tout a été pratiquement apprécié tant du point de vue des résultats que de la dépense; et devant l'inertie des uns et l'élévation du prix de revient des autres, nous avons signalé les composts de marne ou de sable vif avec le fumier comme le moyen par excellence entre ceux qui se trouvent directement sous notre main.

Je veux admettre pour un moment l'influence efficace que la prédilection locale attribue aux divers amendements dont nous venons de parler pour la vigne; cependant, on ne peut pas se dissimuler qu'en premier lieu leur durée et leur force d'action, mises en regard de l'énorme dépense qu'ils nécessitent, ne compensent pas toujours les frais, et qu'ensuite les travaux qu'ils demandent sont si considérables et conséquemment si longs qu'ils équivalent à une exclusion pour les grands vignobles. En face de cette situation, il était important pour les pays qui cultivent la vigne sur une grande échelle de rechercher *en dehors du domaine* de nouveaux moyens de fertilisation, qui, sans aggraver les sacrifices, fussent d'une application prompte, d'une application qui permît d'opérer sur de grandes contenances. Alors, les rognures de cuir, les chiffons de laine, la plume de rebut, la cendre de bois, la suie, etc., etc., ont été essayés au pied de la souche, et les effets obtenus n'ont laissé aucun doute sur leur puissance de fertilisation. Nous ne nous occuperons que de l'emploi des chiffons de laine et des cendres auxquels on a généralement donné la préférence.

Le chiffon de laine est donc très bon comme amendement au pied de la souche, et son genre d'action se conçoit aisément puisque la laine est un produit animal et que par sa décomposition il ne peut qu'apporter à la souche une nourriture substantielle et réparatrice. Ajoutons qu'elle agit en outre par les caustiques qui entrent dans la composition des teintures, et qu'ainsi elle stimule et fortifie le cep.

Le chiffon de laine doit être haché avant l'emploi et placé à la main au pied de la souche. 25 quintaux suffisent à l'hectare. — 25 quintaux, à 5 francs l'un, donnent la somme de 125 fr. pour la réparation d'un hectare, qui dure tout au plus de trois à cinq ans.

Bien que le chiffon de laine soit précieux pour la vigne, néanmoins la cendre de bois est préférable, et sa supériorité a été dénoncée par la constitution organique de la souche elle-même; en voici l'explication simple et concluante.

Dans des expériences comparatives faites pour apprécier la valeur des cendres de bois, on a constaté que la cendre de sarment renferme une quantité de potasse très supérieure à celle des autres cendres. Cette constatation conduisit naturellement à penser que puisque la potasse se trouvait en si grande quantité dans le sarment, elle devait être positivement une des bases essentielles de la nourriture de la vigne, et que, par conséquent, plus les amendements employés à sa réparation lui offriraient de la potasse en abondance, mieux ces amendements s'appliqueraient à ses véritables besoins; la cendre fut essayée, et le résultat le plus complet confirma les conclusions de la science.

La cendre est donc un amendement spécial pour la vigne, l'amendement qui sert le plus convenablement ses goûts et ses besoins. La cendre est aussi l'amendement dont l'emploi est le plus facile et le moins coûteux, car la mise en place n'est rien, et 25 hectolitres suffisent par hectare — soit 50 francs.

Quoique moins actives, les cendres lessivées produisent un très bon effet, d'abord parce qu'elles conservent encore assez de potasse, et qu'en outre les corps gras dont elles se sont emparés par la lessive en font en quelque sorte un engrais.

La vigne a sans doute une prédilection très marquée pour la potasse; néanmoins, cet amendement seul serait insuffisant pour relever et rendre à la vigueur les vignobles maigres et appauvris. Pour compléter ce moyen de réparation, il convient donc de combiner la cendre avec de bon fumier, du fumier gras; un hectolitre de cendres par mètre cube de bon fumier est la proportion que l'on peut adopter. Ces composts doivent être préparés à l'avance et à couvert, et arrosés de temps en temps ou avec l'eau de lessive, ou, lorsqu'on le peut, avec les premières rinçures des tonneaux et les vinasses de la distillation.

La cendre est de tous les amendements adressés à la vigne celui qui agit peut-être le plus efficacement sur la qualité du vin.

La place de l'amendement est au pied de la souche, et je vais essayer de démontrer qu'il ne peut être rationnellement placé que là. La vigne est un arbuste à fruit; puisque la vigne est un fruitier, les enseignements qui régissent sa culture doivent être les mêmes que ceux qui régissent celle des fruitiers des jardins. Cette classification admise, et je ne pense pas qu'on puisse la rejeter, suivons le jardinier, je ne dirai pas dans la taille dont les principes sont fondamentalement les mêmes que ceux du vigneron, mais suivons-le dans sa méthode pour réparer les forces de l'arbre affaibli. Lorsqu'un arbre dégénère par épuisement, le jardinier, pour le rappeler à la vigueur, en déblaie le pied dans un rayon déterminé et à une certaine profondeur; il extrait les terres usées, il les remplace par de bons terreaux qu'il anime selon les besoins par des cendres, des suies ou tout autre agent stimulant, et il recouvre ensuite cet amendement par une forte couche de terre. Ainsi procède le jardinier, et il est évident qu'il doit marcher au but par la voie la plus droite et la seule rationnelle, car en plaçant ainsi l'amendement immédiatement sur les racines de l'arbre, il lui met sous la main, si je peux le dire, une nourriture abondante et substantielle, et dans ces conditions, l'arbre épuisé retrouve bientôt ses forces et sa fécondité.

C'est donc au pied de la souche que l'amendement doit être placé; mais pour qu'il produise tout son effet, pour qu'il agisse d'une

manière durable, il faut qu'il reste en place
le temps nécessaire à la fusion et à l'entière
précipitation de ses substances fertilisantes;
sans cela, l'amendement ne remplit qu'une partie de sa destination.

Lorsqu'après le déchaussage on a donc mis
soit des fumiers, soit des terreaux, soit des
composts au pied de la souche, on doit se garder de la déchausser l'année suivante, et même
de deux ans; on se contente de piocher la tranche de terre sans la retourner.

Pour les amendements qui ont moins de volume, comme le chiffon de laine, la cendre et
les composts de cendre et fumier, il faut les
enfouir au pied de la souche après le déchaussage, et les recouvrir immédiatement d'un peu
de terre. Cette opération demande peu de travail, et se fait au moyen de petits pelle-fer avec
lesquels on creuse un trou de quelques pouces
en profondeur et en largeur pour recevoir le dépôt. En agissant ainsi, l'amendement n'a rien à
craindre du déchaussage puisqu'il repose en
contre-bas des déblais; il n'a rien à craindre des
eaux puisqu'il est emboîté; tant qu'il lui reste un
atôme de matière fécondante, il agit sur la souche.

Mais si les amendements dont nous venons
de parler exercent une influence favorable sur
la vigueur et la production du vignoble, cette
influence est bien restreinte à côté de celle
qu'exerce le *demi-défoncement*. Avant de traiter
de ce mode de réparation peu connu et surtout
peu usité parmi nous, je veux dire qu'il y a déjà

des siècles qu'il a reçu la sanction de l'expérience ;
que loin d'effrayer comme une nouveauté hasardeuse, il est au contraire de nature à encou-
rager nos cultivateurs par l'autorité que lui donnent de temps immémorial les résultats qu'il a
produits partout où il a été appliqué.

Le demi-défoncement est une opération sim-
ple et facile : il consiste à ouvrir *entre les sillons*
de la vigne, et sur l'axe, des rigoles de douze
à quinze pouces de profondeur sur une largeur
à peu près égale au tiers de l'espacement des
sillons entre eux ; lorsque la première rigole
est ouverte, on la comble avec les terres qui
proviennent de la seconde, et successivement ;
et ainsi les bonnes terres de la surface vont remplacer les terres de la couche inférieure souvent mauvaises par leur nature ou toujours ef-
fritées. Pour compléter le succès de la réparation, on met, si on le peut, au fond de chaque
rigole, une couche de fumier ou terreau ou compost ; à défaut de ces amendements, on y étend
une couche de thuie, de buis ou de ces mille
végétaux provenant du nettoiement des pièces,
des haies et des fossés de clôture.

Quant on dispose de fumiers, terreaux, etc.,
on les transporte et on les répand préalablement sur les sillons, et ainsi ils se trouvent jetés
au fond des rigoles pêle-mêle avec la première
couche de terre.

Il suffirait d'exposer ce mode de réparation
pour qu'il restât démontré que de toutes les
opérations pratiquées pour l'amélioration de

la vigne, il va rationnellement le plus directement à ses divers besoins. Il est en effet impossible de ne pas voir que par le creusement des
rigoles, il remédie aux graves conséquences de
notre système de plantation à trou; et que par
le dépôt de l'amendement au niveau de l'assiette
de la souche, il donne aux racines toutes les facilités désirables pour pourvoir abondamment
à son alimentation.

Je dis en premier lieu qu'il remédie à notre
système de plantation, car par le défoncement
du terrain sur les flancs du sillon il ouvre aux
racines une voie large et commode pour se développer, s'étendre et s'établir dans la partie
inférieure du sol. Et qu'on ne pense pas que
les blessures ou les mutilations que reçoivent
les racines compromettent l'avenir de la souche; la souche en souffre momentanément,
c'est vrai, mais elle en guérit promptement, et
c'est dans ces blessures et ces mutilations
mêmes qu'elle trouve de nouveaux éléments de
vigueur.

Je dis encore qu'il assure une subsistance
facile, abondante et durable à la vigne. Ici la
démonstration devient tout à fait inutile, car il
est clair que l'amendement étant déposé au niveau de l'assiette de la souche, la subsistance
se trouve, comme je l'ai dit ailleurs, à portée des racines qui y puisent à volonté; mais
l'alimentation n'est pas seulement facile, elle
est aussi abondante et durable, car nonobs-
tant les amendements placés au fond des rigo-

les et dont la présence se fait sentir jusqu'au
dernier atôme de matière fertilisante, la souche
profite encore de toutes les substances que lui
apportent les bonnes terres qui entrent les premières dans le comblement.

Maintenant que j'ai exposé les motifs qui donnent au demi-défoncement une supériorité si
marquée sur les divers moyens en usage pour
réparer la vigne, je vais apprécier par le calcul
la dépense qu'il nécessite par hectare. Avant
d'entrer dans cette appréciation, il convient de
rappeler le prix de revient des autres modes de
réparation afin d'opérer par rapprochements.

Réparation par le terrage
à une brouettée par pied... 135 fr. 50 l'hectare.
Réparation par le marnage
ou le sablage............. 150 fr. au moins.
Réparation par le chiffon
de laine sans compter la
mise en place........... 125 fr. l'hectare.
Réparation par la cendre
sans compter la mise en
place................... 50 fr. l'hectare.

Ces prix rappelés, prenons un hectare de vigne à réparer par le demi-défoncement, un hectare de vigne dont les sillons sont espacés à
cinq pieds quatre pouces environ, cet hectare
de vigne présente une longueur totale à défoncer de 2,750 toises courantes, sur une zone de
douze ou quinze pouces de profondeur et une
largeur de dix-huit pouces. La base du travail
ainsi déterminée, et l'expérience ayant dé-

montré que hors le cas d'un sous-sol exces-
sivement dur, un ouvrier peut ouvrir, en
moyenne, dans une journée, vingt-cinq toises
courantes de rigole sur les dimensions con-
venues, si nous divisons 2,750 qui représente
la longueur totale des rigoles pour un hectare
par 25 qui représente la longueur ouverte par
un ouvrier dans une journée, nous aurons pour
quotient le nombre d'ouvriers nécessaires au
demi-défoncement d'un hectare : soit 110 *ouvriers*, c'est donc 110 ouvriers qu'exige l'ouverture des rigoles. Je ne veux pas de la journée de travail à 75 c. qui est le prix ordinaire
du pays, je ne veux pas même de la journée
à *un franc* afin de n'employer que les meilleurs ouvriers, je veux la journée à *un franc
vingt-cinq centimes;* et si maintenant je multiplie
le prix de la journée 1 fr. 25 c. par 110, le produit me donne 137 fr. 50 c. pour expression de
la dépense.

Cent trente-sept francs cinquante centimes
représentent donc la dépense, et la dépense,
j'ose le dire, très exagérée du demi-défoncement par hectare de vigne. Il suffit, je crois, de
mettre ce chiffre en regard des prix de revient
des autres modes de réparation pour prouver
que le demi-défoncement est le moyen d'amendement le moins cher pour la vigne, l'emploi de
la cendre excepté.

Mais admettons que le demi-défoncement soit
plus cher que tout autre moyen d'amendement,
admettons qu'il coûte un quart, un tiers de plus,

eh bien! même dans cette hypothèse, il est encore le moyen de réparation le plus économique
considéré surtout par ses résultats. Sans parler
de la supériorité de son influence sur la production, je dis que le demi-défoncement est le
plus avantageux pour le propriétaire, car lorsqu'il a été pratiqué dans de bonnes conditions
il dure de vingt à vingt-cinq ans; et, je le demande, en présence de cette durée, confirmée
par l'expérience, quel mode d'amendement
pourrait-on lui opposer? Sera-ce le terrage qui,
lors même que les terres sont de bonne qualité,
dure trois ou quatre ans? Sera-ce le marnage,
la fumure à qui j'accorderai une action de dix
ans? Sera-ce le chiffon de laine, la plume, la
cendre qui durent tout au plus de trois à six
ans? Avec les amendements mis au pied de la
souche on se ruine parce que c'est toujours à
recommencer, avec le demi-défoncement on
s'enrichit.

Le demi-défoncement peut être le meilleur
mode de réparation dira-t-on, mais il exige un
si grand nombre d'ouvriers par hectare qu'il
devient d'une application difficile pour les uns et
impossible pour les autres. Oui, le demi-défoncement exige un grand nombre d'ouvriers;
cependant il n'est pas pour cela impraticable,
car si d'un côté il est d'une exécution lente,
d'un autre il offre une grande latitude de temps
puisqu'on peut opérer durant tout l'hiver. Or,
avec cette latitude, quel est le propriétaire de
quarante hectares de vigne, par exemple, qui

n'en défoncera pas trois ou quatre s'il le veut
bien quand l'hiver est beau? Quel est le métayer
actif, disposant d'une famille laborieuse, qui
n'en pourra pas défoncer annuellement un demi-hectare? Il ne faut que vouloir.

Dans les vignobles largement espacés, on
ouvre une rigole d'un pied de largeur seulement
sur douze ou quinze pouces de profondeur,
mais à un pied de la souche seulement.

Je me résume et je dis à ceux qui n'ont pas
les moyens d'aborder le demi-défoncement pour
réparer leurs vignes : les composts d'aussi bonne
qualité que possible et *au pied de la souche*,
qu'ils soient de marne, de sable et fumier, ou
de fumier et de cendre.

A ceux qui sont en position de faire des avan-
ces à leurs vignobles, le demi-défoncement.

Du Rajeunissement de la Vigne.

Proposer le rajeunissement de la vigne, je
dirai même sa quasi-perpétuation, c'est soule-
ver le problème le plus considérable qui puisse
s'adresser aux pays viticoles. Quelle est, en effet, la question susceptible d'offrir un aussi
grand intérêt à notre industrie que celle dont
la solution favorable éterniserait en quelque
sorte la jeunesse et la production du vignoble en
le fixant à tout jamais sur les sites de prédilection et souvent uniques qui lui auraient été as-
signés sur le domaine. Mais cette solution est-
elle possible? Je le crois jusqu'à un certain point.

La vigne, avons-nous déjà dit, est un arbuste extrêmement vivace, et le privilége de sa longé- vité sera mieux compris lorsque j'aurai rappelé qu'à l'état sauvage, elle vit jusqu'à huit cents ans, sous les climats qu'elle affectionne. Je ne me dissimule pas que la production qu'on exige d'elle à l'état de culture doit l'affaiblir in- sensiblement et réduire sa durée naturelle; ce- pendant, la production ne la vieillirait pas avant l'âge, si on lui donnait avec quelque dévoûment les soins d'entretien, de conservation dont elle a besoin et que j'ai indiqués.

En étudiant les causes qui amènent la décré- pitude et la mort de la vigne, on observe qu'elle périt ordinairement par la carie; la carie la ronge et la dévore si radicalement qu'il n'est pas rare de voir des souches qui ne tiennent plus à peu près que par la peau. Elles ne tiennent plus que par la peau, et cependant elles produisent en- core!

Ces souches produisent par la raison bien simple que, si la partie de la tige qui est au- dessus du sol est cariée, pourrie, la partie infé- rieure, au contraire, celle qui est au-dessous du sol, est généralement intacte, pleine de vitalité et de force. Mais si cette partie inférieure, que nous appellerons le *tronc nourricier*, est pleine de vitalité et de force, le recepage ne pourrait-il pas créer sur ce tronc une nouvelle souche?

Nous avons dans nos vignobles des exemples fréquents de souches refaites par le recepage, après avoir été mutilées ou cassées par la charrue on l'attelage. Cependant, comme on remarque autant d'échecs que de succès dans l'espèce, les succès partiels ne suffisent pas pour fonder un enseignement; malgré tout, il y a dans ces succès un fait acquis et précieux, c'est que la souche est susceptible d'être renouvelée, rétablie par le recepage, et si cette opération n'a pas réussi généralement sur tous les pieds de vigne, on a le droit de penser que l'opération a été mal faite. Nous avons déjà vu la similitude parfaite qui existe entre le régime de la vigne et celui du fruitier; consultons encore le jardinier pour apprendre de ses pratiques le moyen d'arriver à la solution proposée.

Le célèbre Forsyth, jardinier de S. M. britannique, dans un Traité de la culture des arbres fruitiers, publié en 1805, paraît avoir fait faire un pas immense à la question qui nous occupe, si toutefois il ne l'a pas pleinement résolue. Frappé par les ravages que le chancre exerçait sur ses arbres après l'amputation des grosses branches, il eut la pensée de recouvrir les blessures faites par la scie ou la serpette d'un emplâtre dont il fournit la composition. Le succès confirma toutes ses prévisions, les blessures furent guéries et les arbres rendus à une santé florissante. Encouragé par les résultats obtenus, le jardinier anglais jugea que sa méthode pouvait avoir une plus grande portée, il pensa qu'il pourrait arriver jusqu'au rajeunissement complet de l'arbre, puisque par l'application de son emplâtre, non-seulement il guérissait les bles-

sures faites par les instruments tranchants, mais
encore il obtenait, à raison de la compression
de la sève, des pousses vigoureuses autour du
tronc. Il donna alors toute extension à ses expériences, il recepa près du terrain de vieux
arbres décrépits, soit fruitiers, soit forestiers, et
au moyen de sa méthode il en refit les tiges et
leur donna une nouvelle existence.

Ce que Forsyth a obtenu sur les fruitiers,
ne pourrions-nous donc pas l'obtenir sur nos
vignes?

Sa méthode est bien simple. Voici d'abord la
composition de son emplâtre :

Prendre un boisseau de bouse de vache, un
demi-boisseau de plâtres de vieux bâtiment (celui du plafond des chambres est le meilleur), un
demi-boisseau de cendres de bois et la seizième
partie de sable de rivière; tamiser les trois derniers objets avant de les mélanger, travailler
ensuite bien le tout, soit avec la main, soit avec
une spatule de bois, jusqu'à ce que le mélange
soit parfait; porter la composition à la consistance de mortier, en la détrempant à l'urine ou
à l'eau de savon, et l'employer sous forme d'emplâtre.

Quant à la manière d'opérer, receper la tige à
trois pouces du terrain environ, unir la blessure,
arrondir légèrement les bords de l'écorce et
appliquer l'emplâtre, en ayant le soin de le fa-
çonner en calotte et de le polir convenablement
à la surface.

L'opération doit être faite pendant la saison

morte, dans les beaux jours d'hiver, lorsque la sève dort. Le recepage du tronc sera effectué sur le bois bien conservé, qu'il soit en dedans ou en dehors du sol; s'il est en dedans, il va sans dire que la souche doit être déchaussée.

Je recommande la méthode de Forsyth à l'expérimentation soutenue, je dirai même tenace, de nos propriétaires. Les succès obtenus par l'auteur sur les fruitiers sont assez nombreux et assez décisifs pour promettre le succès sur la vigne; ils le promettent d'une manière si encourageante que nous avons journellement sous les yeux des exemples presque analogues de souches recepées par suite d'accident et rendues, par le fait seul du recepage, à la jeunesse et à la vigueur. Et en admettant même qu'à l'aide de la découverte anglaise il fût impossible d'arriver au rajeunissement intégral du vignoble, ne serait-il pas précieux d'y trouver le moyen de conserver ces souches, souvent si nombreuses, cassées ou mutilées dans le temps des travaux?

—A ceux qui n'auront pas foi dans la méthode de Forsyth s'offre l'ente, avec toutes les garanties de l'expérience, pour refaire la souche; et ici je pourrais citer un vignoble, non loin de nous, tout petit, il est vrai, mais entièrement renouvelé par ce moyen.

Pour enter la vigne, on déchausse d'abord la souche, on la recèpe à quatre pouces à peu près du terrain, et on fend le tronc comme pour les entes ordinaires; on taille ensuite la greffe comme pour les arbres fruitiers, on l'insère dans la fente pratiquée au tronc de manière que les deux épidermes raccordent parfaitement; on couvre ensuite le tronc et la greffe, jusqu'au premier bouton, de terre bien émiettée, on la presse sur place avec le creux de la main et avec précaution pour ne point déranger la greffe, on raccourcit le sarment à deux boutons en dehors, et on protége la souche par des piquets de défense.

10

CHAPITRE XVI.

___

Des Landes.

Dans quelques contrées des départements du sud-ouest, et notamment dans notre Armagnac, la propriété, pour être convenablement agencée, exige l'adjonction d'une contenance de landes au moins égale à celle des terres cultivées en champs. Ces landes ont pour destination de fournir au domaine la litière nécessaire à la confection des fumiers et au bétail la dépaissance de tous les jours.

Il suffit d'exposer cette situation pour montrer que, par ce mode d'agencement, le tiers environ de nos terres est condamné à l'improduction, et que, par une conséquence évidemment rigoureuse, le revenu rationnel du capital foncier se trouve réduit aussi dans la même proportion. En face d'une perte aussi considérable et qui rejaillit d'une manière si préjudiciable sur la fortune et le bien-être de nos départements, il n'est pas de question agricole qui s'offre à nous plus pleine d'intérêt que celle du défrichement des landes; il n'en est pas qui convie

aussi impérieusement les hommes d'étude et
d'action à s'associer par une même pensée de dévoûment pour en chercher et en réaliser la solution. Si je ne me trompe, cette question se réduit
fondamentalement à savoir si les landes sont,
comme on le pense assez généralement, d'une
nécessité tellement absolue pour la culture de
nos champs qu'elles doivent exister à tout jamais, ou si, par le perfectionnement de notre
système d'agriculture, elles ne peuvent pas graduellement et insensiblement disparaître pour
entrer dans la masse des terres productives,
sans contre-coup et sans danger pour l'avenir.
Cette solution n'est, je crois, ni impossible, ni
difficile à trouver; je vais essayer de le démontrer.

Et, du reste, qu'on se pénètre bien de cette
pensée que le défrichement des landes n'est pas
simplement une question d'intérêt privé ou de
localité; le défrichement des landes a une plus
haute portée, et il tient de près à l'un des plus
grands intérêts généraux du pays. Avec une population nationale qui grandit et se développe
dans des proportions aussi effrayantes que la
nôtre, il n'est personne qui n'ait déjà senti que
bientôt le vieux sol arable de la France ne suffira plus à sa subsistance, et que dès lors il est
essentiel et même urgent de préparer par la mise
en culture successive de toutes les terres improductives le plus possible de ressources alimentaires, afin d'assurer un équilibre constant
entre la production et la consommation.

Comment il faut se préparer au défrichement des Landes.

Le défrichement des landes ne peut pas être entrepris *ex abrupto* sur une grande échelle; cette entreprise serait tout au moins téméraire et conduirait inévitablement à la perturbation, et de là à la ruine de notre économie agricole. Pour réussir sans secousse, le défrichement doit, au contraire, être amené de loin et opéré avec prudence et lenteur; cinquante ans au moins sont nécessaires à sa complète réalisation. Dans le nombre des moyens que la situation indique pour préparer cette importante révolution et aider à son accomplissement, trois paraissent appeler la préférence; ces trois moyens sont :

1º L'aménagement préalable des Landes;

2º L'augmentation immédiate et proportionnelle des animaux sur le domaine;

3º L'introduction progressive des cultures fourragères.

L'aménagement des landes. — Dans mon opinion, c'est par les landes elles-mêmes que nous devons faire le premier pas vers le défrichement; mais pour qu'elles nous en fournissent les moyens, nous devons commencer par les aménager. J'entends, par les aménager, en régulariser le mode de jouissance, et en même temps les entourer de tous les soins de conservation qui peuvent les pousser à la plus forte production.

L'expérience a constaté qu'une bonne lande

produit environ trente chars de *thuie* par hectare tous les quatre ans; combien de chars donnent moyennement les landes de nos métairies
en général? De quinze à vingt par hectare tous
les cinq ou six ans. Nos landes ne donnent donc
en *thuie* que la moitié à peu près de ce qu'elles
devraient donner; je puis en dire autant pour
les herbages. Où en est la cause? La voici :

Dans la plupart des métairies particulièrement, les landes ne forment ordinairement
qu'un ou deux grands enclos, et le bétail y est
journellement jeté pêle-mêle seul, ou sous la
simple surveillance d'un petit enfant. Abandon-
nés qu'ils sont à eux-mêmes, les animaux errent
et vaguent à volonté dans l'enfermé, cherchant
selon leurs instincts les pacages qui s'appliquent
le mieux à leurs goûts. Les juments et les brebis sont naturellement friandes des jeunes pousses de la *thuie;* elles se portent donc de préférence sur les parcelles nouvellement rasées,
elles s'y établissent et rongent au fur et à mesure
qu'ils paraissent les jets de la pousse; elles brou-
tent également l'herbe nouvelle, et elles détruisent ainsi la coupe et l'herbage à venir.

Par l'aménagement, nous protégeons la lande,
et sa production sauvegardée arrive naturellement au plus haut point de rapport. Supposons, en effet, une métairie agencée de douze
hectares de lande, et ces douze hectares divi-
sés en quatre parcelles ou *barrails* bien clos
et sagement administrés. Par le fait seul de
cette division et des clôtures qui la complètent,

tout change, tout se régularise; l'ordre entre forcément dans l'exploitation des coupes puisqu'elles sont déterminées par enclos; l'ordre entre dans la dépaissance, puisque le bétail reste forcément dans l'enfermé qu'on lui livre alternativement; et, dans cette nouvelle situation qui défend la lande contre la dévastation du libre parcours, la *thuie* et l'herbe végètent sans accident, la production augmente dans le rapport de la protection, et là où naguère la *thuie* et l'herbage manquaient l'herbage et la *thuie* abondent aujourd'hui.

Ce premier résultat aurait déjà une portée immense; car si, par l'aménagement des landes, nous pouvons doubler à peu près la masse de la litière et de l'herbe, nous arriverons, par une conséquence bien certaine, à doubler aussi et le nombre des animaux, et la masse des engrais. Or, à l'aide de ces nouveaux engrais d'autant plus précieux pour nos terres qu'ils seront plus animalisés, nous ferons le premier pas dans les cultures fourragères. Mais nous pourrons plus encore, nous pourrons attaquer le défrichement dès le lendemain, toujours avec mesure et prudence, car il est évident que plus la lande produira, et plus il nous sera facile d'en restreindre sans danger l'étendue primitive.

Augmentation du nombre des animaux sur le domaine. — Le bétail est le nerf, l'âme de la propriété; avec du bétail on peut tout en agriculture; sans du bétail on ne peut rien; chez nous, le bétail manque et la propriété souffre. Le bétail manque, et, en effet: entrons dans une métairie de six hectolitres de semence, par exemple, combien d'animaux trouvons-nous dans le parc? Nous y trouvons ordinairement deux paires de bœufs de force moyenne; quinze à vingt brebis chétives et sans valeur; une et quelquefois deux juments d'espèce rabougrie, et rarement des vaches de reproduction. Voilà pour le plus grand nombre de nos métairies tout le bétail du parc, et il suffit de le compter pour reconnaître qu'il s'en faut de moitié qu'il puisse fournir aux terres la quantité de fumier qui leur serait nécessaire pour donner des récoltes satisfaisantes. Remarquons, en outre, que ces animaux peuvent d'autant moins le fournir que vaches, juments et brebis vivent toujours dehors, que les bœufs y passent plus du tiers de l'année, et que la plus grande partie de leurs déjections restent dans les landes et sont perdues pour l'engrais.

Il faut du bétail, nous le savons, il en faut même le plus possible; mais, dira-t-on, il ne suffit pas d'avoir du bétail, il faut aussi le nourrir. Avant d'entrer dans la démonstration pratique des moyens, je dois faire observer que le bétail que je demande n'est pas du bétail de choix; dans la situation actuelle, nous n'avons pas, je le sais, de quoi l'entretenir convenablement; ce que je veux pour le moment, ce que je veux pour ouvrir simplement la voie nouvelle, c'est du bétail le plus rustique qui se puisse trouver, de misérables machines à fumier, car, puisqu'il nous faut absolument du bétail pour sortir de l'ornière

où nous languissons, je n'hésite pas à dire qu'il
vaut mieux avoir plusieurs bêtes de race même
dégénérée, mais *vivant de rien*, que de n'avoir
rien dans le parc. Si on ne laisse ces bêtes dans
les pâturages que le temps nécessaire, au lieu
de les y abandonner nuit et jour pendant plusieurs mois comme cela se voit, elles fourniront
positivement encore beaucoup de fumier à la
métairie.

Maintenant, étudions nos moyens. Nous ne
disposons pour entretenir le menu bétail dont
il s'agit que de l'herbe de nos landes et de la
paille de nos moissons; voyons si avec la paille
et l'herbage il ne serait pas possible de mieux
nourrir ces bêtes et même d'en augmenter le
nombre dans des proportions réellement avan-
tageuses.

Pour ce qui est des landes, j'ai démontré, si
je ne me trompe, qu'en les protégeant contre le
libre parcours il devenait possible de doubler,
ou à peu près, les ressources de nos pacages. Or,
si avec l'herbage qu'elles donnent actuellement
le menu bétail de la métairie y trouve sa subsistance, est-il besoin de dire que, lorsque les ressources de la dépaissance auront été doublées
par l'aménagement, nous pourrons aussi doubler
le nombre des animaux?

Je sais que l'on opposera avec raison que les
herbages des landes ne sont réellement une
ressource que pendant quelques mois de la
belle saison; et alors, quand ces herbages auront
passé, comment nourrir le menu bétail pendant

la saison mauvaise? Ici, la paille se présente à
nous comme un auxiliaire précieux et puissant
pour nous aider à franchir la difficulté; il s'agit
seulement d'en tirer le bon parti qu'elle offre.

Dans une métairie de six hectolitres de semence, on récolte moyennement de vingt-cinq à
vingt-huit gerbiers de blé, qui représentent environ cent quintaux de paille destinée à la
consommation durant l'hiver. Maintenant, sui-
vons-en l'emploi chez le métayer, entrons
dans ses étables, qu'y remarquons-nous? Nous
remarquons que la paille ayant été jetée sans
précaution et sans soin devant les animaux,
les animaux n'en ont mangé que les brins de
choix; qu'ils ont gaspillé, foulé aux pieds tout le
reste; et qu'alors quarante livres de cette subsistance ainsi dépensée n'ont pas rendu plus de
service que dix livres bien administrées.

Pour que la paille devienne une ressource
réelle dans nos mains, je ne connais que deux
moyens: le premier, c'est de l'engranger au lieu
de la laisser dehors et en meule; le second, c'est
de la servir hachée au bétail. La paille hachée
convient parfaitement au cheval, à la vache et à
la brebis, et pour qu'ils la mangent bien, il suffit
de l'humecter très légèrement à l'eau chaude
deux ou trois heures avant de la donner. Je dis
à l'eau chaude, parce que l'eau chaude atta-
quant vivement le brin elle l'attendrit et elle en
dégage des particules de moëlle qui affriandent
les animaux. Avec une petite ration de paille
ainsi préparée et donnée le matin, le menu bé-

tail pourra sortir et être exposé sans danger
aux impressions du froid et du brouillard; avec
cette ration et le peu d'herbe qu'il trouvera au
pacage, le menu bétail vivra et s'entretiendra
même assez bien.

Hacher journellement de la paille pour tout
le bétail de la métairie pourra paraître impraticable au premier coup d'œil, et on objectera que
le colon n'a pas le temps nécessaire à donner au
hachoir. Pour moi, ce n'est jamais le temps qui
manque; il ne faut que vouloir ou savoir l'utiliser.
Et d'ailleurs, ce ne sont pas les hommes de la
métairie que je prends pour hacher, je les laisse
à leurs affaires habituelles; je mets au hachoir
les femmes et les enfants capables, je ne les y
emploie même que pendant les moments de dis-
ponibilité et à bâton rompu, et néanmoins avec
quelques heures fournies sur toute la journée
par ces divers membres de la famille, j'arriverai,
sans rien déranger dans l'ordre des principales
occupations, à obtenir la paille nécessaire à la
consommation du lendemain. Remarquons, en
outre, que dans les mauvais jours tout le monde
hachant à son tour, il sera facile de créer une
forte avance pour les jours suivants : il ne faut
que vouloir.

Je ne finirai pas sans faire observer, à ce sujet,
qu'au lieu de pâturer les attelages à la main,
comme on le fait, il serait bien autrement avantageux de hacher la paille avec les raves. En
laissant ensuite paille et raves ainsi hachées dans
un cuvier pendant quelques heures avant de les

servir aux bœufs, la paille s'imprégnerait de la
fraîcheur et de la saveur de la rave, elle deviendrait plus substantielle et aussi plus attrayante,
et avec une bonne ration de ce mélange et un
peu de foin pour *faire boire*, les bêtes de travail seraient constamment bien entretenues. Il
y a de plus une considération de temps qui mi-
lite pour l'adoption de cette pratique, c'est que
le travail y gagnerait immensément; car avec le
mode actuel il faut prendre plusieurs heures sur
la journée pour pâturer les bœufs, tandis qu'avec
le mode proposé leur repas serait fait en un clin
d'œil.

Introduction progressive des cultures fourra-
gères. — En agriculture comme en bien d'autres
choses tout s'enchaîne et se tient, du point de
départ au point d'arrivée. Ainsi, nous voulons
défricher les landes : si nous étudions attentivement les moyens, nous trouvons qu'il n'y a de
défrichement possible que par la culture fourragère; que pour cultiver les fourrages il nous
faut des engrais, que pour créer des engrais en
quantité nécessaire nous avons besoin de bétail
et de litière dans des proportions convenables,
et, enfin, que pour avoir litière et bétail, notre
unique ressource comme point de départ est dans
la production des landes tant en *thuie* qu'en herbages. Le point de départ pour arriver au défrichement est donc dans la lande elle-même, et
puisqu'elle doit nous fournir les premiers moyens,
nous devons forcément mettre nos premiers
soins à développer autant que possible sa pro-

duction; et de là la nécessité bien indiquée de l'aménagement. Et, en effet, si, partant de l'aménagement des landes, nous parcourons l'échelle des moyens, nous trouvons que par le seul fait de la suppression du libre parcours nous doublons d'abord la production de la *thuie* et de l'herbage, que l'augmentation d'herbage et de litière nous conduit à doubler, soit temporairement, soit définitivement le nombre des animaux sur le domaine, qu'à l'aide d'un parc plus nombreux nous obtenons proportionnellement de plus fortes quantités d'engrais, et que par ces engrais obtenus nous abordons la culture des fourrages qui seule peut nous conduire au défrichement.

Le défrichement des landes repose donc fondamentalement comme on le voit sur l'introduction des cultures fourragères. Il nous est d'autant plus facile de les pratiquer que dans cette nombreuse famille des plantes nous avons providentiellement des variétés qui s'appliquent de la manière la plus avantageuse aux diverses qualités du sol. Ainsi donc, aménageons d'abord nos landes pour en obtenir le plus possible de *thuie* et d'herbage; dirigeons ensuite nos efforts vers l'augmentation et l'amélioration de nos fumiers, fabriquons des masses de composts, attachons-nous enfin par tous les moyens, soit naturels, soit artificiels, à multiplier les agents de fertilisation; entrons en même temps dans la voie fourragère par les plantes les moins exigeantes ou déjà décisivement expérimentées sur nos terres, couvrons nos maïs de farouch et de raves, et nos jachères de fourrages hâtifs; essayons des trèfles, des sainfoins, des luzernes sur les parcelles de choix; et lorsqu'à l'aide de cette création de ressources nouvelles dont la progression ira toujours croissant d'année en année les terres peu à peu conquises sur les landes nous aurons permis de fonder le quatrième assolement, le problème du défrichement sera résolu. Il sera résolu et sans appel, car avec le quatrième assolement nous entrerons en possession des cultures fourragères sur le pied le plus large et le plus productif, et le défrichement général deviendra une conséquence rigoureuse de la seule force d'impulsion imprimée à notre agriculture par le système fourrager.

Opération du défrichement.

La terre de lande est nativement sans qualités végétatives, et, pour la convertir en champ, il faut y créer artificiellement les qualités productives du sol proprement dit arable. Les moyens employés à cet effet ont sans doute fait leurs preuves, et depuis longtemps on en obtient de bons résultats; cependant, si on les examine de près, on reconnait aisément leur côté défectueux, on voit qu'ils manquent absolument de cet esprit de spéculation qui ramène si habilement tout au profit de l'entreprise.

Pour convertir une lande en champ, on la défonce à la pioche, et, avant de l'ensemencer,

on la marne ou on la sable. Il n'est point nécessaire de parler du coût de cette opération, il
suffit de faire ressortir qu'elle exige une forte
dépense, et que cette dépense est d'autant plus
onéreuse qu'elle est faite à titre d'avance sans
halte et d'un seul jet. Devant les exigences
d'un pareil mode, qui interdit en quelque sorte
le défrichement à la petite fortune, il a paru important de rechercher si par quelques modifications dans nos pratiques il ne serait pas possible d'obtenir de la lande elle-même des moyens
provisoires d'une fertilisation suffisante pour retirer du *nouvelin* une ou plusieurs récoltes entre
le défoncement et le marnage.

Et d'abord, en matière de défrichement, il est
une condition préalable et essentielle à remplir,
la condition d'étudier le sous-sol avec le plus
grand soin. En effet, le défrichement s'opérant
par le défoncement, il est de la plus grande importance de bien connaître les qualités de la
couche inférieure afin de l'employer, s'il y a lieu,
pour amender la masse entière.

Ce premier point ainsi recommandé, voyons
quel est le concours direct que nous pouvons
demander à la lande proprement dite pour nous
fournir sa part d'agents fertilisants. Ce concours
doit positivement se rencontrer dans la *thuie*
qu'elle produit, car, si je ne me trompe, la *thuie*
peut être facilement convertie en amendement.

Le sous-sol et la *thuie* sont donc les premiers
éléments de fertilisation que nous appliquerons
au défrichement, et voici les moyens par lesquels

nous procèderons pour arriver à de bons résultats :

Défricher en fin d'octobre, et seulement des parcelles qui supportent une coupe de l'âge de quatre ou cinq ans; raser d'abord la *thuie* et la laisser en pelotons sur place.

Défoncer à la pioche, et à huit ou dix pouces de profondeur si le sous-sol y engage, mais toujours assez profondément pour fonder la couche arable sur des proportions favorables à toutes cultures. Je recommande la pioche parce qu'elle prépare plus parfaitement que la charrue le mélange de diverses qualités du terrain, qu'elle dispose mieux les terres à mûrir, et qu'enfin elle facilite l'émottage.

Le défoncement terminé, empiler les terres en meules de deux pieds de haut sur deux pieds de large, et laisser mûrir jusqu'en fin de juin.

En juin, abattre les meules et faire un fort labour.

En juillet, labourer encore, émotter, herser énergiquement pour faire monter à la surface les racines de l'ajonc, et les brûler en forme d'écobuage avec les mottes herbues existant sur la pièce.

En août, étendre la *thuie* sur le terrain, y mettre le feu pour amender *par incinération* et recouvrir par un labour.

Dans les premiers jours de septembre, fumer, labourer, herser et ensemencer en avoine.

Tel est l'ensemble des moyens que j'ose proposer à l'expérimentation pour faciliter le défri-

chement par l'allégement de la dépense, car la
dépense sera évidemment moins lourde lorsqu'une récolte sera interposée entre le défoncement et le marnage. Cette récolte, je la crois
assurée par les moyens indiqués, puisque chacun d'eux en particulier est recommandé par
l'expérience pour la fertilisation des terres; et
ainsi nous obtiendrons du *nouvelin*, après le défrichement, un produit qui non-seulement rem-
boursera les frais déjà faits, mais qui entrera
pour une bonne part dans les frais restant à
faire pour le marnage.

CHAPITRE XVII.

Un mot sur l'ensemble des Moyens et des Résultats.

Nous venons d'étudier un à un les éléments primordiaux sur lesquels repose l'exploitation du sol; terres, amendements et engrais, tout a été soumis à un examen raisonné en même temps qu'à l'appréciation pratique; et considérant ensuite les prairies artificielles comme la seule source à laquelle nous puissions demander la progression de plus en plus prospère de notre agriculture, j'ai démontré, si je ne me fais illusion, qu'à l'aide des moyens artificiels proposés soit pour l'amélioration et l'augmentation de nos fumiers de parc, soit pour l'introduction des composts sur la plus grande échelle, nous pourrons, quand nous le voudrons, entrer dans la voie fourragère, y réussir avec un peu de temps et de bonne volonté, et de là parvenir insensiblement et sans contre-coup au défrichement des landes, qui est pour nous le terme le plus élevé de la richesse locale.

Mais, comme je l'ai déjà dit ailleurs, chez nous
tout est à faire, nous commençons *ab ovo*, et
nous n'avons pas conséquemment le droit de
compter sur un plein succès du premier jet;
nous devons, au contraire, nous attendre à de
grands mécomptes et nous raffermir sans cesse
dans cette pensée que ce n'est qu'à la condition d'une volonté et d'une persévérance à toute
épreuve que nous arriverons au but. Oui, de
grands mécomptes accueilleront infailliblement
nos premiers pas dans la culture fourragère;
mais, qu'on veuille bien le remarquer, pour
l'homme qui apprécie les faits à leur juste valeur, ces mécomptes même sont déjà un progrès.
En effet, admettons que nos premières récoltes
fourragères sont médiocres; je le veux bien,
mais quelque modique qu'en soit la production,
il n'en restera pas moins qu'il y a eu récolte
fourragère sur le domaine. Comme tout s'enchaîne et se tient, les ressources nouvelles
qu'elle fournit au bétail tournant au profit des
engrais, il en résulte que la récolte de la première année prépare une récolte meilleure pour
l'année suivante, et ainsi, par cette gradation
que rien ne saurait ni enrayer, ni rendre impossible, nous arrivons progressivement et rigoureusement de l'augmentation des fourrages à
l'augmentation des engrais, et réciproquement
de l'augmentation des engrais à l'augmentation
des fourrages. Notre marche, en commençant,
sera lente et peut-être décourageante pour le
grand nombre, je le veux encore; mais pour

qui sait vouloir et persévérer, le succès, un succès complet est certain.

On se plaint que la propriété ne rapporte pas, on accuse nos terres d'impuissance, et en face de la modicité de nos récoltes en céréales, on préconise la vigne comme le seul élément de bien-être pour nos contrées. Je reconnais les grands avantages qu'offre la culture de la vigne sur notre sol et avec notre climat; mais, sans parler de sa fragilité devant les nombreux sinis- tres qui la menacent, je dis qu'il y aurait danger à lui donner trop d'extension. Je dis que s'il faut des vignes, il faut aussi des champs, et que, puisqu'il faut des champs, il faut en retirer le plus grand revenu possible; je dis enfin que nos champs, si peu fertiles aujourd'hui, régénérés qu'ils soient par les moyens qu'assurent les cultures fourragères, sont susceptibles, avec l'industrie du bétail qui en dérive naturellement et infailliblement, de donner un jour un revenu aussi élevé et plus sûr que celui des vigno- bles.

Supposons que le système fourrager exposé plus haut soit en plein exercice dans une mé- tairie de huit hectolitres de semence, par exem- ple. Dans cette métairie qui antérieurement n'entretenait que quelques vaches et juments chétives et sans valeur, et qui était tributaire des pays voisins pour le renouvellement si coûteux de ses attelages, nous trouvons des animaux nombreux et de prix, dont la vente produit an- nuellement un beau revenu; dans cette métairie

où le colon vivait misérablement puisque ses
champs ne lui donnaient en moyenne que six
pour un de la semence, nous observons qu'à
l'aide des fumiers dont il dispose le rendement s'est élevé à dix ou douze; dans cette
métairie où les prairies ne fournissaient qu'une
quantité insuffisante de mauvais foin, nous
voyons, grâce encore aux fumiers, des prairies qui donnent des quantités considérables
de bon foin dont une grande portion passe
dans le revenu, soit par la vente, soit par la consommation des animaux de rente; dans cette
métairie, enfin, où la vaine pâture n'existe
plus et où la paille est affectée à la litière,
puisque les subsistances fourragères y abondent, tout est prêt, tout est favorable pour le
défrichement immédiat des landes; et en présence de cet ensemble de résultats que la culture fourragère garantit, pourrait-on méconnaître
encore la valeur du champ et l'influence prodigieuse qu'il dépend de nous de lui donner dans
le revenu foncier?

Et si maintenant, partant de cet exemple isolé,
nous généralisons par la pensée la culture des
fourrages, le pays change de face en tous
points, la fortune locale grandit du tiers par le
défrichement, le revenu du sol est doublé, l'aisance pénètre partout, et nos populations, bien
vêtues et bien nourries par l'usage de bonnes
viandes que l'élève du bétail met à leur portée,
s'attachent au domaine et au travail des champs;
en un mot, la misère fait place au bien-être

pour tous, et le revenu des champs, joint au revenu des vignes, assure à nos départements un degré de prospérité et de richesse qui ne nous laisse rien à envier aux départements les plus riches et les plus prospères.

FIN.

TABLE DES MATIÈRES.

Errata.

Page x, 7e ligne, au lieu de : d'*autres* lisez d'*autres*.

Page 15, 7e ligne, au lieu d'un *point-virgule*, une *virgule*.

Page 22, 2e ligne, ajouter le mot *vive* après le mot *chaux*.

Page 55, 30e ligne, après le mot *fumiers*, un *point-virgule* au lieu d'un *point*.

Page 117, 26e ligne, au lieu de *qu'il soit, il assurait*, lisez *qu'il fût, il assurait*.

Page 250, 5e ligne, au lieu d'*émonder*, lisez *émousser*.

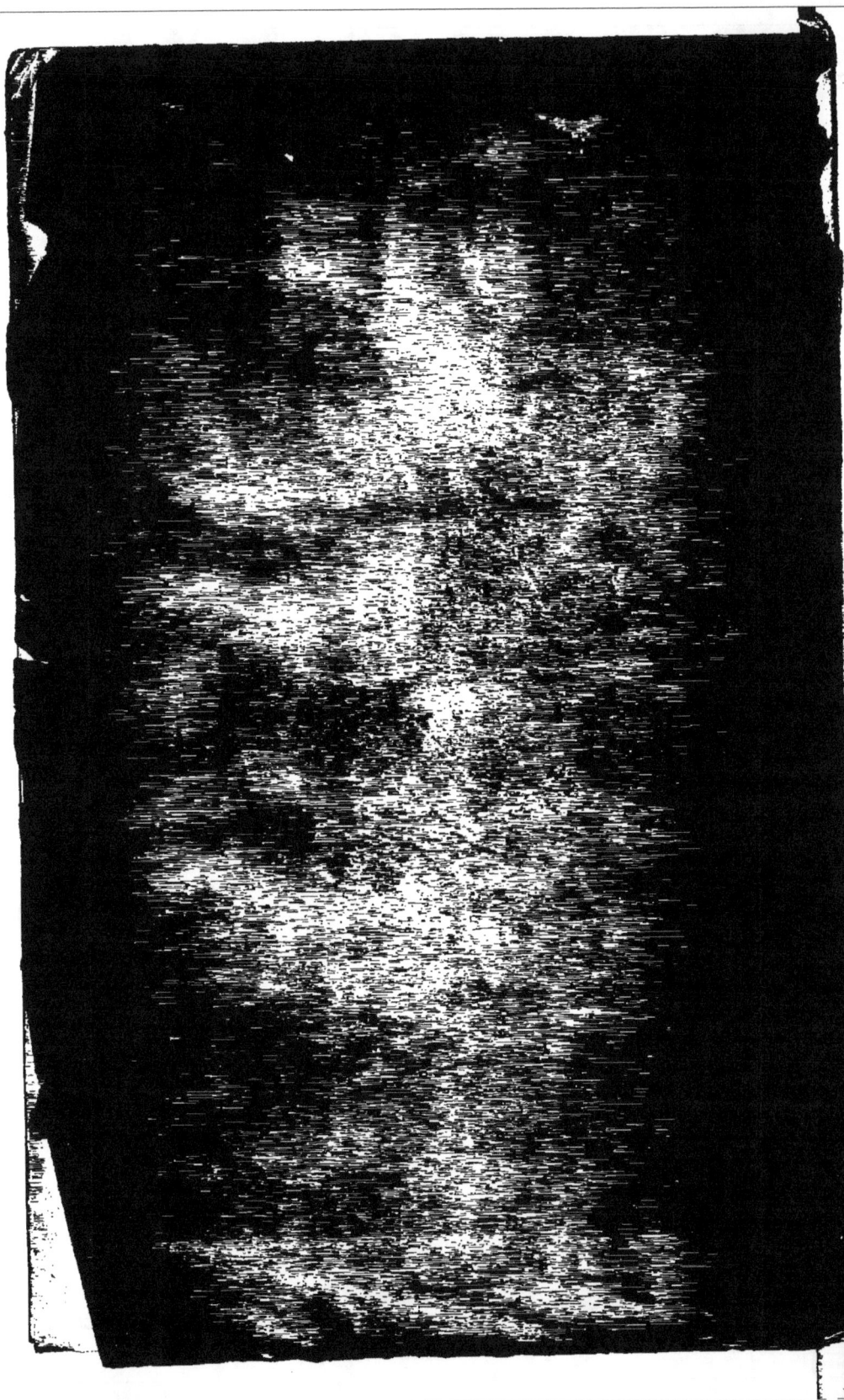